Introductory Combinatorics

조합 및 그래프이론

김정진 지음

교우사

머리말

조합론 또는 조합수학이란 수학의 분야는 영어 Combinatorics를 번역한 것으로 수학자를 제외하면 대부분의 사람들에게는 무척 생소한 단어다. 고등학교에서 순열, 조합을 배운 사람이라면 이 용어가 무언가 조합의 수와 관련이 있을 것이라 추측하는 정도다. 조합론은 간단히 설명하자면 셈(counting)의 학문이다. 주로 유한이산집합(finite discrete set)을 대상으로 특정한 성질을 갖는 배열의 존재성, 배열의 개수 등 여러 관련된 문제를 해결하기위한 도구를 개발하고 응용하는 수학의 분야다. 조합론은 다양한 응용이 가능하고 논리적인 사고방식을 기르는데 효과적이기 때문에 일찍이 고등학교 교육에 조합수학이 도입되었고 대학에서도 강좌가 늘어나는 추세에 있어 예전과 달리 관련된 자료와 교재를 쉽게 구할 수 있게 되었다. 그러나 현재 이산수학이란 제목으로 출간된 교재는 대부분 컴퓨터과학도를 위한 것이어서 수학과 학생들이 교재로 쓰기에는 불편한 점이 많았다. 수학과 학생들의 교과 과정에 들어맞는 교재를 찾기가 쉽지 않다보니 그동안 준비하였던 강의노트를 정리하여 책으로 만들게 되었다. 이 책에서 다룬 내용은 조합론의 기본이 되는 셈하는 것에 관한 조합론(enumerative combinatorics)과 기초적인 그래프이론으로 1학기 동안 수학적인 기초가 부족한 학생들도 쉽게 조합수학에 익숙해질 수 있도록 최대한 평이하게 서술하였다. 책에는 많은 예제와 연습문제가 수록되어있는데 답을 얻는 과정을 기억하는데 그치지 않고 과정에 대한 논리적인 근거를 이해할 수 있도록 충분히 설명하였다. 조합론적인 사고가 필요한 문제해결에 어려움을 겪고 있는 학생들에게 조금이나마 도움이 되었다면 저자로서는 큰 보람이라 생각한다.

지은이 씀

차 례

제 1 장 조합수학입문

조합수학(Combinatorics)은 유한이산집합(finite discrete set)을 대상으로 특정한 성질을 갖는 배열의 존재성, 배열의 개수 등 여러 관련된 문제를 해결하기위한 도구를 개발하고 응용하는 수학의 분야다. 이산수학(Discrete Mathematics)이란 용어도 자주 쓰이는데 이는 함수해석학 같은 연속성을 따지는 수학과 구별하여 이산적 구조를 다루는 수학을 총칭하는 것으로 수학의 분류에는 없는 것이다. 조합론의 많은 문제가 수학적 게임이나 퍼즐에서 유래한 것이다 보니 풀이방법도 다양하여 때때로 기발한 착상이 필요한 경우가 있다. 수학의 모든 분야가 그렇듯이 문제를 해결하는 것이 조합론을 연구하는 목적이고 따라서 많은 문제를 다루어보는 것이 조합론을 이해하는 데 꼭 필요하다. 주어진 문제를 창조적인 방법으로 해결하는 능력은 수학뿐만 아니라 모든 분야에 적용할 수 있는 중요한 자산으로 조합수학이 이런 능력을 기르는데 좋은 역할을 한다는 것이 잘 알려진 사실이다. 이 장에서는 문제해결에 관한 일반적인 이론에 대해 알아보기로 한다.

문제를 푼다는 것은 과학이면서 동시에 예술이기도하다. 어려운 문제를 풀기위해서는 문제에 대한 깊은 이해와 때때로 기발한 착상이 필요하기 때문이다. 그러나 문제 해결능력을 갖추기 위해 가장 필요한 것은 노력이다. 처음에는 어렵게 보이는 많은 이론과 생소한 아이디어 등도 많은 경험을 하다보면 차츰 익숙해지게 된다. 그러나 문제 해결의 경험이 지식으로 축적되기 위해서는 답을 얻는 과정을 기억하는데 그치지 않고 과정에 대한 논리적이고 합당한 근거를 이해해야한다. 대표적인 수학적 문제해결 방법인 연역법과 귀납법에 대해 알아보기로 한다.

1.1 연역적 방법(Deduction)

연역적 방법은 주어진 가정에서 출발하여 계산이나 논리적인 추론을 통해 결론을 얻는 방법이다. 따라서 연역적 문제 풀이는 다음의 3 단계를 거쳐 완성된다.

1. **가정의 단계:** 문제의 조건 등 이미 알고 있는 사실을 서술하는 단계
2. **추론의 단계:** 이미 알고 있는 사실에 기초하여 새로운 사실을 유도하는 과정
3. **결론의 단계:** 문제의 뜻에 맞게 답을 정리하는 단계

대부분의 문제에는 조건과 함께 보여야 할 결론이 주어지게 마련이다. 우리가 해야 할 일은 그 둘을 논리적으로 연결시키는 과정을 찾아내는 것이다. 이런 과정이 쉽게 찾아질 때도 있지만 보통은 어디에서 시작해야할지 모르는 경우가 많다. 가능한 연역적인 과정을 모두 생각하는 것은 불가능하므로 여러 가지 문제를 풀어보는 경험이 중요하다. 연역적인 논리를 이용하는 문제의 예를 보자.

예제 1-1

1부터 100까지 정수의 합을 구하여라.

풀이 이 문제는 수학자 가우스와 연관된 일화로 잘 알려진 문제다. 선생님이 이 문제를 내자 어린 가우스가 단숨에 다음과 같은 방법으로 답을 구하여 선생님을 놀라게 했다고 한다.

$$\begin{array}{rrrrrr} 1+ & 2+ & 3+\cdots+ & 99+ & 100 & \\ \underline{100+} & \underline{99+} & \underline{98+\cdots+} & \underline{2+} & \underline{1} & \\ 101+ & 101+ & 101+\cdots+ & 101+ & 101 & =100(101)=10100 \end{array}$$

구하는 합의 두 배가 100(101)이므로 원하는 답은

$10100/2=5050$

위와 같이 주어진 수열과 거꾸로 쓴 수열을 더하여 수열의 합을 구하는 방법은 등차수열의 합을 구하는 일반적인 방법이다.

예제 1-2

동전 16개가 탁자에 있고 갑과 을이 다음과 같은 게임을 한다. 두 사람이 교대로 탁자의 동전을 가져가는데 한 번에 4개 이하의 동전을 가져갈 수 있으며 마지막으로 동전을 가져가는 사람이 게임의 승자가 된다고 한다. 갑이 먼저 동전을 가져간다면 갑이 이 게임을 이길 수 있는가?

풀이 이 게임의 진행을 처음부터 생각한다면 동전을 가져가는 방법이 너무 많아 분석이 불가능하다. 따라서 끝에서부터 생각한다. 문제의 결론에서 시작하여 거꾸로 풀어가는 방법은 아주 중요한 사고방식으로 이 문제와 같이 끝이 더 간단하거나(동전이 적게 있으므로) 규칙을 발견하기 쉬운 문제에 적용한다. 갑이 마지막으로 동전을 가져가려면 마지막 단계에 동전이 4개 이하 있어야한다. 즉, 을이 가져가고 남은 동전이 4개 이하가 되어야 하므로 갑은 그 전 단계에 5개 이상의 동전을 남겨 두어야한다. 만약 갑이 6개의 동전을 남겨두었다고 가정해 보자. 이번에는 을이 동전 한 개를 가져가고 5개를 남기면 갑은 이길 수 없다. 따라서 갑은 전 단계에서 반드시 5개의 동전을 남겨두어야 한다. 다시 생각해보자. 갑이 동전 5개를 남기면 을이 다음에 몇 개를 가져가든 항상 이긴다. 한 단계 거슬러 올라가서 갑이 동전 10개를 남겼다면 을이 어떻게 해도 항상 동전 5개를 남길 수 있다. 즉 갑이 이기는 상태는 동전이 5의 배수로 남아있는 경우다. 따라서 처음에 동전 한 개를 가져와 남은 동전이 15개가 되도록 하면 갑이 이길 수 있다.

■

예제 1-3

용량이 각각 4리터, 9리터인 눈금 없는 용기가 있다. 눈금이 없으므로 이 용기로는 4리터, 9리터만을 잴 수 있을 뿐이다. 이 용기를 이용해서 물 6리터를 정확히 재는 방법이 있는가?

풀이 예제 2와 같이 거꾸로 생각하는 문제다. 4리터 용기에 i리터, 9리터 용기에 j리터 들어있는 상태를 순서쌍 (i, j)로 표시하자. 우리가 원하는 것은 순서쌍 $(i, 6)$을 만드는 것이다. 마지막 상태에서 역으로 추적해 보면 다음과 같은 변화가 가능하다.

$(0, 6) \to (4, 6) \to (1, 9) \to (1, 0) \to (0, 1)$

다시 시작점에서 생각하면

$(0, 0) \to (0, 9) \to (4, 5) \to (0, 5) \to (4, 1) \to (0, 1)$

두 개를 합치면 다음과 같은 과정으로 6리터를 잴 수 있다.
$(0, 0) \to (0, 9) \to (4, 5) \to (0, 5) \to (4, 1) \to (0, 1) \to (1, 0) \to (1, 9) \to (4, 6) \to (0, 6)$

■

예제 1-4

한 변의 길이가 3인 정육면체가 있다. 이 정육면체를 한 변의 길이가 1인 정육면체로 나누면 모두 27개의 정육면체가 만들어진다.(그림 1-1) 원래 정육면체를 움직이지 않고 6번 자르면 이렇게 나눌 수 있다. 만약 자르는 도중 조각들을 재배열하는 것이 허락된다면 6번 보다 적게 잘라서 27개의 정육면체를 만들 수 있는가?

풀이 정육면체를 잘라서 어떤 현상이 생기는지 실험을 해보아야 하는데 현실적으로 불가능한 접근방법이다. (머릿속에서 가상의 실험을 한다고 해도 어렵다.) 연역적인 방법을 사용한다면 자르는 회수와 만들어지는 조각이 어떤 논리적인 과정으로 연결되는지 보여야 하는데 조각의 재배열을 모두 확인하는 것이 불가능하다. 이 문제는 발상의 전환이 필요한 문제로서 자르는 횟수보다 잘려진 조각에 해결의 실마리가 있다. 27개의 정육면체를 그것이 원래 있던 위치를 기준으로 생각해보자. 예를 들어 꼭짓점(3면이 만나는 점)을 품는 정육면체를 잘라내기 위해서는 3번 잘라야한다. 그 이유는 한번 자르면 새로운 면이 한 개 생기고 꼭짓점을 품는 정육면체의 3면은 원래 있던 면이고 나머지 3면은 새로 만들어져야하는 것이기 때문이다. 27개의 정육면체 중에는 원래 정육면체의 중심을 품는 것이 있다. 이것은 6개의 면을 모두 새로 만들어야 하므로 6번 자르지 않으면 만들 수 없다. 따라서 어떻게 재배열을 해도 6번 자르지 않으면 27개의 정육면체로 나눌 수 없다.

■

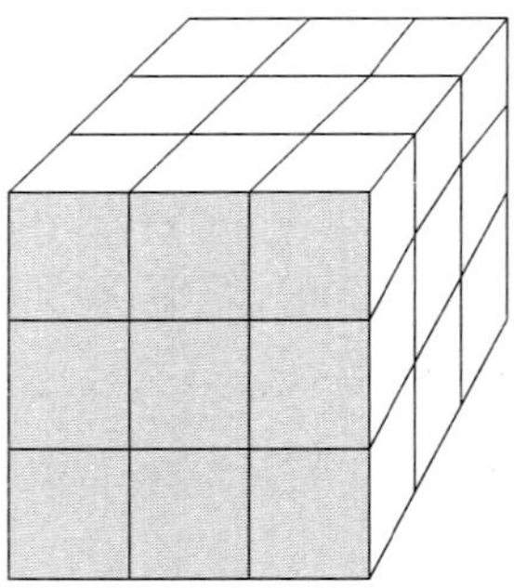

[그림 1-1]

예제 1-5

한 변의 길이가 8인 정사각형 판을 한 변의 길이가 1인 정사각형으로 분할하면 모두 64개의 단위 정사각형이 생긴다. 대각선의 양 끝점을 포함하는 단위정사각형을 하나씩 떼어내면 모두 62개의 단위정사각형이 남는다.(그림 1-2) 이제 이것을 도미노(단위정사각형 2개가 붙어있는 모양)를 이용하여 모두 덮으려고 한다. 정사각형이 모두 62개 이므로 31개의 도미노가 필요하다. 과연 31개의 도미노로 잘라낸 판을 덮을 수 있는가?

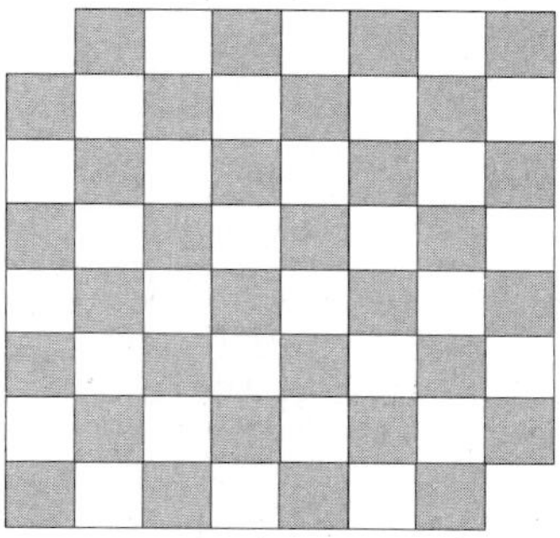

[그림 1-2]

풀이 실험을 통해 모든 가능한 도미노 배열을 확인하는 것은 현실적으로 불가능하다.(더군다나 이런 형식의 문제는 대개 그 답이 부정적이므로 덮는 방법이 없다고 예상된다.) 예제 4와 마찬가지로 발상의 전환이 필요한 문제다. 원래 8×8 판의 왼쪽 위 코너 정사각형을 흰색으로 칠하고 한 칸씩 건너 검은색, 흰색을 칠했다고 하자. 그러면 32개의 검은색 정사각형과 32개의 흰색 정사각형이 생긴다. 이제 왼쪽 위 코너와 오른쪽 아래 코너 정사각형을 잘라냈다고 하자. 잘라낸 두 정사각형은 모두 흰색이므로 남은 것은 30개의 흰색 정사각형과 32개의 검은색 정사각형이다. 하나의 도미노는 반드시 검은색과 흰색 정사각형을 각각 1개씩 덮게 되므로 같은 수의 검은색과 흰색 정사각형이 필요하여 이 판을 31개의 도미노로 덮는 것은 불가능하다.

예제 1-6

$1 \times 2 \times 3 \times \cdots \times 1000 = N$이라하자. N의 마지막에 나오는 0의 개수는 몇 개인가?

풀이 뒤에 나오는 0의 개수는 N을 10으로 나눌 수 있는 회수와 같다. 또는 N에 인수 10이 몇 번 곱해져있는가 하는 문제다. $10 = 2\times5$이므로 우리가 필요한 것은 N에 들어있는 2와 5의 개수다. $N = 2^a5^bn$ 이라하자. 여기서 n은 N의 소인수 중 2나 5가 아닌 것들의 곱이다. a, b의 값을 모두 구하여 0의 개수를 셈하기 전에 과연 두 값을 모두 구해야하는지 따져보자. 조금만 생각해 보면 $a > b$임을 알 수 있다. 따라서 N에 인수로 들어있는 10의 개수는 인수 5의 개수와 같다. 1부터 1000까지 정수의 곱에는 $1000/5 = 200$개의 5의 배수가 있다. 25의 배수는 인수 5가 2개 있으므로 $1000/25 = 40$개의 5의 배수를 더해야 한다. 같은 이유로 $\lfloor 1000/125 \rfloor = 8$과 $\lfloor 1000/625 \rfloor = 1$을 더해주면 모두 249개의 0이 N의 마지막에 있다. ■

예제 1-7

1부터 1985까지 정수를 10진법으로 쓰면 1이 몇 번 나오는가?

풀이 000부터 999까지 1000개의 수를 쓴다고 생각하면 모두 3000개의 숫자가 쓰인다.(세 개의 빈자리에 숫자를 중복하여 쓴다고 생각하면 된다. 앞에 0이 있는 것은 1을 세는 데에 영향을 주지 않는다) 각 숫자가 나오는 빈도는 같으므로 모든 수는 각각 300번 쓰인다. 즉 1은 모두 300번 나온다. 1000부터 1999까지는 앞에 1이 붙은 것 외에 같은 모양이므로 1이 1300번 나온다. 즉 1부터 1999까지 1이 모두 1600번 나온다. 이제 1986부터 1999까지 나온 1의 수를 세면 15개다. 따라서 1은 모두 1585번 나온다. ■

연습문제 1.1 Exercises

1. n개의 농구팀이 농구 대회를 한다.

(1) 리그전(round-robin tournament)은 모든 팀이 서로 한 번 씩 경기를 하는 방식이다. 모두 몇 번의 경기가 필요한가?

(2) 토너먼트(single-elimination tournament)는 경기에 진 팀은 탈락하고 최후로 남은 팀이 우승하는 방식이다. 모두 몇 번의 경기가 필요한가?

(3) 패자부활전(double-elimination tournament)은 두 번 경기에 진 팀은 탈락하고 최후로 남은 팀이 우승하는 방식이다. 모두 몇 번의 경기가 필요한가?

2. 사람의 나이를 직접 물어보지 않고 다음과 같이 알아낼 수 있다. 상대방에게 다음 계산을 하도록 한다. 당신의 나이에 7을 곱하고 1을 빼시오. 다시 11을 곱하고 8을 더하시오. 다시13을 곱하고 당신이 제일 좋아하는 3자리 정수를 더하시오. 이제 당신의 나이를 빼고 39를 더하시오. 이렇게 구한 수의 마지막 3자리는 좋아하는 3자리 수이고 그 앞은 상대방의 나이이다. (이 방법을 실제로 적용할 때는 39를 더하는 마지막 단계를 생략하고 그 때까지 계산한 결과를 물은 뒤 39를 더하여 판단한다.) 이 숫자 마술이 성립하는 이유를 설명하여라.

3. 8리터 용기에 술이 가득 들어있다. 두 사람이 이것을 4리터씩 나누려고 한다. 눈금이 없는 3리터, 5리터 그릇밖에 없다면 이것을 이용해 나누는 방법을 찾아내어라.

4. 어떤 학급의 49명 학생이 7행 7열로 앉아 있다. 각 좌석의 전, 후, 좌우의 좌석을 그 좌석의 인근 좌석이라 할 때, 49명 학생이 모두 제자리를 떠나서 인근 좌석에 가서 앉을 수 있는지 말하고, 그 이유를 설명하라.

5. 두 사람이 다음과 같은 게임을 한다. 교대로 3개 이하의 동전을 탁자에 쌓는다. 100번 째 동전을 쌓는 사람이 이긴다고 하면 누가 이기는가? 또 어떤 전략을 써야 이길 수 있는가? 만약 100번 째 동전을 쌓는 사람이 진다고 하면 어떤 전략을 써야하는가?

6. 같은 모양의 금화가 12개 있다. 금화 중 한 개는 가짜로 진짜 금화와 무게가 다르다. 양팔저울을 3번 사용하여 가짜를 찾아낼 수 있는가?

7. 다음과 같은 게임을 생각하자. 동전 세 뭉치가 있고 두 사람이 교대로 동전을 가져간다. 가져가는 동전의 수에는 제한이 없지만 반드시 한 뭉치에서만 가져가야 한다. 마지막 동전을 가져가는 사람이 게임에서 이긴다고 한다. 만약 동전이 각 뭉치에 3, 4, 5개 있다면 먼저 시작한 사람이 이길 수 있는가? 동전의 수와 관계없이 일반적으로 이길 수 있는 전략이 있는가?

8. 사람을 3 가지 그룹으로 분류 가능하다고 하자. 첫째 그룹은 참말쟁이(언제나 진실만을 말한다), 둘째 그룹은 거짓말쟁이(언제나 거짓말 한다) 세째 그룹은 보통사람(때때로 거짓말도 한다)이다. 파티에서 다음과 같은 대화가 오가는 것을 들었다. 여기서 갑은 거짓말쟁이고 을은 참말쟁이다.

> 갑: 철수는 보통사람이야.
> 을: 철수, 대식, 형기 중에 한 사람은 참말쟁이, 한 사람은 거짓말쟁이, 한 사람은 보통사람이야.
> 갑: 대식이는 참말쟁이야.
> 을: 철수가 그러는데 2를 5번 곱하면 32가 된대.
> 갑: 형기는 거짓말쟁이야.

철수, 대식, 형기에 대해 알 수 있는 사실은 무엇인가?

9. 두 명의 참말쟁이와 한 명의 보통사람이 있다. 셋은 서로를 잘 알고 있으며 질문을 받으면 예, 아니오.로 반드시 대답한다. 두 번의 질문으로 보통사람을 찾을 수 있도록 하려면 어떻게 해야 하는가?

10. 한 변의 길이가 3인 정육면체를 생각하자. 이 정육면체를 한 변의 길이가 1인 정육면체로 나누면 모두 27개의 정육면체가 만들어진다. 나누어진 작은 정육면체를 2개씩 붙여 각 변의 길이가 $1\times1\times2$인 직육면체 블록 13개를 만들고 남은 1개는 버린다. 이렇게 만든 블록을 다시 모아서 가운데가(원래 정육면체의 중심) 빈 한 변의 길이가 3인 정육면체를 다시 만들 수 있는가?

1.2 귀납적 방법(Induction)

귀납적 방법은 대상이 작은 경우에 성립하는 사실을 일반화 하여 결론을 얻는 방법으로 대부분의 과학적 사실은 관찰과 실험에서 얻은 결과에서 일반적으로 성립하는 원칙을 찾아낸 것이다. 귀납적 방법은 다음의 3단계로 이루어진다.

1. 실험과 관찰을 통해 자료를 모은다.
2. 자료에서 일정한 규칙을 찾아낸다.
3. 규칙이 일반적으로 성립한다고 추측하고 성립 이유를 보인다.

물론 이런 규칙이 성립하는 이유가 증명될 수도 있고 그렇지 않을 경우도 있다. 자연과학에서는 규칙을 발견하는 것만으로도 가치가 있으나 수학에서는 반드시 그 이유를 증명해야 한다. 귀납적인 방법을 이용하는 문제의 예를 보자.

예제 1-8

1부터 199까지 홀수를 모두 더하면 얼마인가?

풀이 차례로 더해보면 다음과 같은 사실을 알 수 있다.

$$1 = 1$$

$$1 + 3 = 4$$

$$1 + 3 + 5 = 9$$

$$1 + 3 + 5 + 7 = 16$$

$$\vdots$$

즉 홀수의 합은 언제나 자연수의 제곱이 된다고 추측할 수 있다. 따라서 1부터 199까지 100개의 홀수를 더하면 그 값은 $100^2 = 10000$이다. 이것은 귀납적인 결론이므로 증명이 필요하다. 일반적으로 1부터 n개의 홀수를 더하면 그 값은 n^2이라 할 수 있는데 이것의 증명은 수열의 합을 구하는 정리를 이용하거나 (예제 1-1) 다음에 설명할 수학적 귀납법을 쓰는 것이 보통이다. 중요한 것은 규칙을 찾아내는 것이고 문제에 따라서는 이런 규칙을 찾아내는 것이 규칙의 증명보다 어려울 수도 있다. ■

예제 1-9

평면에 n개의 원이 그려있다. 모든 원은 나머지 원과 다른 두 점에서 만나고 어느 세 개의 원도 한 점에서 만나지 않는다고 한다면 평면은 이들 원에 의해 몇 개의 영역으로 나누어지는가?

풀이 n개의 원으로 나뉜 영역의 수를 $r(n)$이라 하면 $r(0)=1,\ r(1)=2,\ r(2)=4$ 임을 쉽게 알 수 있다. 그림을 그려보면 $r(3)=8$임을 확인 할 수 있다. (그림 1-3) 이 정도 확인하고 나면 일반적으로 $r(n)=2^n$이라고 결론내리기 쉬운데 그것은 답이 아니다. 네 번째 원을 그려보자. 이 네 번째 원은 기존의 3개의 원과 각각 두 번씩 만나며 한번 만날 때마다 새로운 영역이 생긴다. 따라서 네 번째 원을 추가하면 영역의 수는 $8+6=14$가 된다. (그림 1-4) 같은 식으로 생각하면 n번째 원을 추가할 때 새로 생긴 영역은 $2(n-1)$가 되어 일반적으로 다음이 성립한다.

$$\begin{aligned} r(n) &= 2+2+4+6+\cdots+2(n-1) \\ &= 2+2(1+2+3+\cdots+n-1) \\ &= 2+n(n-1)=n^2-n+2 \end{aligned}$$

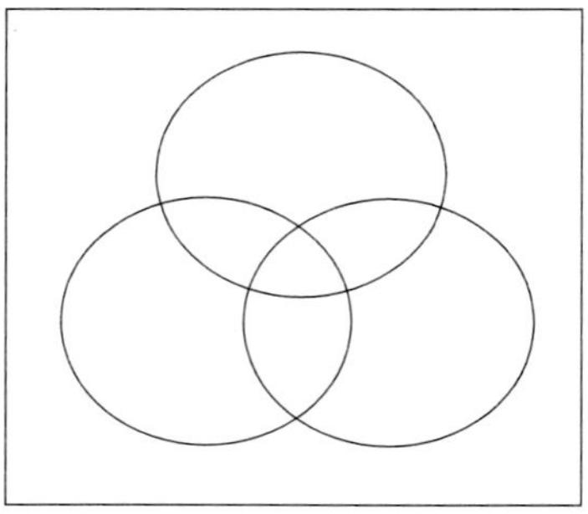

[그림 1-3]

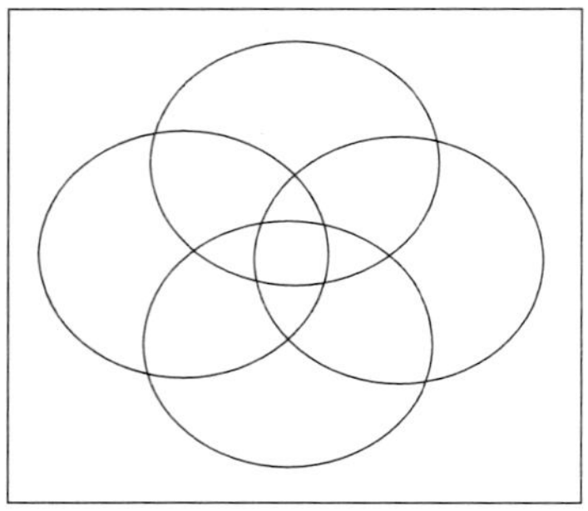

[그림 1-4]

일반적인 귀납법은 결론의 타당성을 보장하지 않는다. 그러나 수학은 모든 결과를 엄밀히 증명해야 하므로 이것으로는 부족하다. 다음에 설명할 수학적 귀납법은 자연수 n에 관한 명제 $p(n)$의 타당성을 증명하는 데 매우 유용하게 쓰이는 증명방법으로 조합론과 같이 이산적인 구조를 다루는 분야에서는 필수적인 것이다.

■ 수학적귀납법(mathematical induction)

자연수 n에 관한 명제 $p(n)$에 대하여

(1) $p(1)$이 참이다.

(2) 임의의 자연수 k에 대하여 $p(k)$가 참이라 가정하면 $p(k+1)$도 참인 것이 증명되었다.

그러면 모든 자연수 n에 대하여 $p(n)$이 참이다.

이 원리는 자연수에 관한 페아노 공리(Peano's Axiom)의 결과로서 그 타당성은 공리에 속하므로 증명하지 않는다. 예제를 통해서 이 원리의 적용방법을 알아보자.

예제 1-10

모든 자연수 n에 대하여 다음 등식이 성립함을 증명하여라.

$$1+3+5+\cdots+(2n-1)=n^2$$

풀이 위 등식을 나타내는 명제를 $p(n)$으로 놓는다.

(1) $n=1$일 때 위 등식의 좌변과 우변은 모두 1이므로 $p(1)$은 참이다.

(2) $n=k$일 때 $p(k)$가 참이라 가정한다. 즉

$1+3+5+\cdots+(2k-1)=k^2$이 성립한다고 가정한다.

(3) 이제 이 등식의 양변에 각각 $2k+1$을 더하면

$$\begin{aligned}1+3+5+\cdots+(2k-1)+(2k+1)&=k^2+2k+1\\&=(k+1)^2\end{aligned}$$

그러므로 $p(k)$가 참이라 가정하면 $p(k+1)$도 참이다. 수학적 귀납법의 조건을 만족하므로 모든 자연수 n에 대하여 $p(n)$이 참이다.

■

예제 1-11

자연수 n에 대하여 $f(n)=n^3+2n$이 3의 배수임을 증명하여라.

풀이 위 식이 성립한다는 명제를 $p(n)$으로 놓는다.

(1) $n=1$일 때 $f(1)=3$이므로 $p(1)$은 참이다.

(2) $n=k$일 때 $p(k)$가 참이라 가정한다. 즉

$f(k)=k^3+2k=3m$, (m은 정수)이 성립한다고 가정한다.

(3) $f(k+1)$을 구해보면

$$\begin{aligned} f(k+1) &= (k+1)^3+2(k+1) \\ &= k^3+3k^2+3k+1+2k+2 \\ &= f(k)+3(k^2+k+1) \\ &= 3(m+k^2+k+1) \end{aligned}$$

따라서 $f(k+1)$은 3의 배수이고 따라서 $p(k+1)$도 참이다. 수학적 귀납법의 조건을 만족하므로 모든 자연수 n에 대하여 $p(n)$이 참이다.

■

예제 1-12

하노이의 탑

서로 크기가 다른 n개의 구멍 뚫린 원판이 있고 원판을 끼울 수 있는 말뚝이 3개 있다. 말뚝 한 개에 모든 원판이 끼워있는데 가장 큰 원판이 바닥에 있고 차례로 작은 원판이 그 위에 쌓여있다. 이제 한 번에 한 개씩 원판을 다른 말뚝으로 옮기는데 언제나 작은 원판이 큰 원판 위에 있어야 한다. 모든 n에 대해 원판을 다른 말뚝으로 옮기는 것이 항상 가능한가?

풀이 수학적 귀납법으로 원판의 이동이 항상 가능함을 증명하자.

(1) 원판이 한 개면 한 번에 옮길 수 있다.

(2) 원판이 n개일 때 원판의 이동이 가능하다고 가정하자.

(3) 원판이 $n+1$개 있다면 위에서부터 n개의 원판을 다른 말뚝으로 이동한다.(가정에 따라 이렇게 옮기는 것이 가능하다.) 남은 한 개의 원판을 또 다른 말뚝으로 옮긴다. 앞서 이동한 n개의 원판을 가장 큰 원판이 놓인 말뚝으로 이동한다.

■

예제 9에서 원의 개수가 n개에서 $n+1$개로 늘어날 때 생기는 영역의 수, 예제 12에서

원판의 개수가 n개에서 $n+1$개로 늘어날 때 원판 움직이는 회수와 같이 대상물(원, 원판)의 수가 한 개 늘어남에 따라 우리가 구하려는 값(영역의 수, 이동회수 등)이 바로 전 단계의 값에 따라 정해지는 경우에 이런 관계를 흔히 점화식으로 표현한다. (점화식에 대해서는 4장에서 자세히 다룰 것이다.) 예제 9에서 영역의 수를 표시하는 $r(n)$에 관한 점화식은 $r(n)=r(n-1)+2(n-1)$이다. 예제 12에서 원판 n개가 있을 때 원판을 움직이는 회수를 a_n이라면 $a_{n+1}=2a_n+1$ 이다. 이 점화식을 이용하여 a_n의 값을 구해보면 $a_1=1,\ a_2=3,\ a_3=7,\ a_4=15,\ \cdots$ 이므로 $a_n=2^n-1$이라 추측할 수 있다. 이것은 귀납적인 결론이므로 증명이 필요한데 이럴 때 수학적 귀납법을 쓰면 좋다.

예제 1-13

점화식 $a_{n+1}=2a_n+1,\ a_1=1$ 으로 정의된 수열의 일반항은 $a_n=2^n-1$ 임을 증명하여라.

풀이 (1) $a_1=1=2^1-1$

(2) $a_n=2^n-1$이라 가정하면

(3) $a_{n+1}=2a_n+1=2(2^n-1)+1=2^{n+1}-1$

따라서 모든 $n\geq 1$에 대해 $a_n=2^n-1$임이 증명되었다.

■

연습문제 1.2 Exercises

1. 합 $\sum_{k=1}^{n} \frac{1}{k(k+1)}$ 을 구하는 공식을 찾고 증명하여라.

2. 자연수 n의 약수 개수를 $d(n)$이라 하자. $1 \le n \le 16$에 대해서 $d(n)$의 값을 구하여라. $d(n)$의 값이 홀수가 되는 경우를 확인하고 규칙을 만들어보아라. 위의 규칙이 성립하는 이유를 설명할 수 있는가?

3. 수학적 귀납법을 이용하여 다음 등식이 성립함을 증명하여라.

(1) $\sum_{k=1}^{n} k^3 = \frac{n^2(n+1)^2}{4}$

(2) $\sum_{k=1}^{n} k(k+1) = \frac{n(n+1)(n+2)}{3}$

(3) $\sum_{k=1}^{n} (2k-1)^3 = n^2(2n^2-1)$

4. 모든 정수 n에 대하여 $n^3+(n+1)^3+(n+2)^3$이 9의 배수임을 보여라.

5. 길이 3cm, 5cm인 막대를 이어 붙여서 길이 8cm 이상인 모든 막대를 만들 수 있음을 증명하시오.(모든 막대는 cm단위로 만든다고 가정)

6. 합 $\sum_{k=1}^{n} \frac{k}{(k+1)!}$ 을 구하는 공식을 찾고 증명하시오.

7. $2^n \times 2^n$ 체스판의 한 귀퉁이를 한 칸 잘라낸 판이 있다. 이것을 아래 그림과 같은 트리오미노(triomino)들로 겹치지 않고 완전하게 덮으려한다. 모든 n에 대해 이것이 가능함을 보여라.

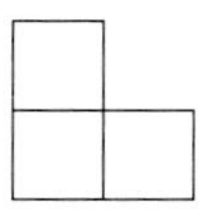

제 2 장 순열과 조합

여기서는 특정한 조건을 만족하는 집합의 개수를 세는 문제를 생각한다. 우리는 순열, 조합 등 체계적인 방법을 이용하여 다양한 형태의 개수 세는 문제를 다룰 것이다. 사실 개수세기는 단순한 수학이라 할 수 있지만 실제로 많은 사람들이 단순해 보이는 개수세기를 잘 하지 못한다. 가장 흔한 이유는 빼먹고 세거나 같은 것을 두 번 세는 것이다. 경험이 많은 사람은 단순해 보이는 문제라도 사실은 어려운 과정을 거쳐야 정확한 답을 얻을 수 있다는 사실을 잘 알고 있고 복잡한 문제를 단순한 문제들로 바꿀 수 있는 능력이 있다. 이런 능력을 갖추려면 많은 문제를 풀어보는 것이 가장 중요하다. 답을 얻는 방법은 여러 가지가 있을 수 있으므로(전혀 틀린 방법으로 접근하여 답만 맞는 경우도 있다) 다른 사람의 풀이과정과 자신의 풀이 방법을 비교해보는 것이 많은 도움이 될 것이다.

2.1 두 가지 기초법칙

이 절에서는 두 가지 개수 세는 법칙을 알아본다. 이 법칙들은 아주 단순해서 누구나 쉽게 이해할 수 있지만 정확히 적용하기는 생각만큼 간단하지 않다. 이 법칙들은 수학적 귀납법을 사용하여 엄밀한 증명이 가능하나 직관적으로 자명하므로 여기서는 생략하기로 한다.

■ **덧셈법칙**(Addition Principle)

첫 번째 집합 S_1에 r_1개의 원소가 있고, 두 번째 집합 S_2에 r_2개의 원소가 있으며, …, m번째 집합 S_m에 r_m개의 원소가 있다. 만약 집합들이 서로 소(disjoint)라면 m개의 집합 $S_1, S_2, \cdots, S_m$에서 원소 1개를 선택하는 방법은 $r_1 + r_2 + r_3 + \cdots + r_m$ 가지다.

이 법칙을 쉽게 말하면 "전체는 부분의 합과 같다"는 것이다. 여기서 중요한 것은 집합들이 서로 겹치는 부분이 없어야 한다는 조건이다. (일부 집합이 공집합이어도 좋다) 만약 겹치는 집합이 있다면 이 법칙을 사용할 수 없으며 이런 문제는 "포함 배제의 원리"를 사용해야 한다.(3.2절 참조)

예제 2-1

학교 식당에 점심 메뉴로 한식 4가지, 양식 4가지 음식이 있다면 점심을 선택하는 가짓수는 얼마인가?

풀이 한식과 양식은 겹치는 부분이 없는 집합이므로 두 집합에서 1개를 선택하는 가짓수는 두 집합의 원소 개수의 합과 같다. 즉 $4 + 3 = 7$

예제 2-2

1부터 100까지 정수 중에서 2나 3의 배수는 모두 몇 개인가?

풀이 2의 배수는 모두 50개, 3의 배수는 모두 33개 있다. 두 수를 더하여 83개의 수가 2나 3의 배수라고 하면 틀린 답이다. 2의 배수 집합과 3의 배수 집합은 서로 소가 아니므로(6의 배수가 공통으로 들어간다) 덧셈법칙을 그대로 사용할 수 없다. 6의 배수 16개가 겹치므로 그만큼 제외하면 정확한 답은 $50 + 33 - 16 = 67$이다.

두 번째 법칙은 경우의 수를 곱하는 원칙에 관한 것으로. 여기서는 두 개의 집합이 관련된 경우만 설명하지만 모든 유한집합에서 성립함을 쉽게 보일 수 있다.

■ **곱셈법칙**(Multiplication Principle)

집합 A가 p개의 원소를 갖고, 집합 B가 q개의 원소를 갖고 있다면 순서쌍 (a, b) (단 a는 A의 원소이고 b는 B의 원소)의 개수는 $p \times q$이다.

이 법칙은 다음과 같이 해석할 수 있다. 두 가지 물건을 선택하는데 첫 번째 물건을 선택하는 방법의 수가 p이고 첫 번째 선택과 무관하게 두 번째 물건을 선택하는 방법의 수가 q라면 두 가지 모두 선택하는 방법의 수는 $p \times q$이다. 여기서 중요한 것은 두 번째 선택이 첫 번째 선택에 영향을 받지 않아야 한다는 것이다. 이 조건을 보통 각 물건의 선택이 "독립적"이라 표현한다. 물건의 가짓수가 세 개 이상인 경우도 그 선택이 서로 독립적이라면 각 물건을 하나씩 선택하는 방법은 각 물건의 개수의 곱이 된다는 것을 쉽게 이해할 수 있다.

예제 2-3

양복 4벌과 구두 3켤레를 가진 사람이 외출 시 선택할 수 있는 양복-구두 선택의 방법은 모두 몇 가지인가?

풀이 양복의 선택과 구두의 선택은 서로 독립적이므로 곱셈법칙에 따라 구하는 가짓수는 $3 \times 4 = 12$가지다.

예제 2-4

수학책 5권, 물리책 6권, 화학책 3권, 생물책 4권이 있다. 각 분야의 책을 1권씩 모두 4권 선택하는 방법은 몇 가지인가? 만약 책 1권만을 선택한다면 모두 몇 가지인가?

풀이 분야별로 책을 선택하는 방법은 서로 독립적이므로 곱셈법칙에 따라 구하는 가짓수는 $5 \times 6 \times 3 \times 4 = 360$ 이다. 책 1권만을 선택하는 문제는 덧셈법칙을 사용하는 문제이고 따라서 $5+6+3+4=18$가지 방법이 있다.

■

예제 2-5

정수 64,800의 약수는 모두 몇 개인가?

풀이 64,800을 소인수분해 하면 $674,800=2^5 3^4 5^2$이다. 그러므로 모든 약수는 $2^i 3^j 5^k$ $(0 \le i \le 5,\ 0 \le j \le 4,\ 0 \le k \le 2)$의 꼴이다. 따라서 각 인수의 지수를 차례로 선택하면 모든 약수를 구할 수 있다. i의 선택은 6가지, j의 선택은 5가지, k의 선택은 3가지므로 모든 약수의 개수는 곱셈법칙에 따라 $6\times5\times3=90$개다.

■

예제 2-6

흰색과 노란색의 주사위를 던져 나오는 눈의 가짓수는 얼마인가? 또 두 주사위가 서로 다른 눈을 갖는 경우는 몇 가지인가? 만약 두 주사위를 구별할 수 없다면 가짓수는 얼마나 되는가?

풀이 주사위는 6개의 눈을 갖고 있으므로 곱셈법칙에 따라 모두 $6\times6=36$ 경우가 있다. 서로 다른 눈을 갖는 경우를 구하려면 주사위를 하나씩 던진다고 생각하면 쉽다. 첫 번째 주사위를 던지면 6가지 눈이 나올 수 있는데 두 번째 주사위는 앞에 나온 눈을 제외한 5가지 눈 중에 하나가 나오면 되므로 모두 $6\times5=30$가지 경우가 있다. 어떤 주사위를 먼저 던지느냐는 것이 경우의 수에 포함된다고 생각하기 쉽다. 사실은 두 주사위를 동시에 던지지만 단지 흰색을 먼저 던지고 노란색을 나중에 던졌다고 생각하는 것이기 때문에 주사위의 순서는 경우의 수에 포함되지 않는다.(반대로 생각해도 마찬가지다)

만약 두 주사위가 구별할 수 없는 것이라면 앞에서 구한 것과 다른 결과를 얻는다. 두 주사위를 던져서 나온 눈에 순서가 없으므로 곱셈법칙을 사용할 수 없기 때문이다. 곱셈법칙은 두 가지 선택이 서로 독립적인 경우에만 성립함을 명심하자. 두 주사위의 색깔이 다른 경우 실제로는 한 번에 두 주사위를 던지지만 우리가 임의로 순서를 정한다고 생각하였다. 즉 흰색을 먼저 던지고 노란색을 나중에 던진다고 생각하면 순서쌍 (a, b)와 (b, a)가 서로 다른 경우지만 순서가 없다면 2가지 경우를 하나로 셈해야 한다. 앞에서 구한 36가지 중에는 같은 것이 2번씩 나오므로 우리가 구하는 답은 $36/2=18$이라고 생각하기 쉬운데 정확한 답이 아니다. 같은 눈이 나오는 가짓수는 색깔이 같은 경우든 다른 경우든 모두 6가지다. 따라서 앞에서 구한 다른 눈이 나오는 30가지의 1/2인 15가지와 같은 눈이 나오는 6가지를 더하면(덧셈법칙 사용) 모두 21가지가 나온다.

■

예제 2-7

1부터 9999까지 정수 중에서 같은 수가 중복하여 나오지 않는 정수는 모두 몇 개인가?

풀이 문제의 뜻에 맞는 정수를 1자리 수, 2자리 수, 3자리 수, 4자리 수로 나누어 그 개수를 구한 뒤 덧셈법칙 사용하기로 한다. 각 자리에는 $\{0, 1, 2, 3, 4, 5, 6, 7, 8, 9\}$중 하나의 수가 들어갈 수 있으므로 모두 10개의 수가 있는데 처음에 0이 나올 수 없으므로 첫째 자리는 9가지가 가능하다. 이제 4자리 정수의 경우를 생각해보자 첫째 자리에 9개의 수가 선택 가능하고, 둘째 자리에는 앞에서 선택한 수를 제외한 9개의 수가 들어갈 수 있으며, 셋째자리에는 앞서 선택한 2개의 수를 제외한 8가지, 넷째 자리에는 7개의 수가 선택 가능하므로 구하는 수의 개수는 $9\times9\times8\times7=4536$이다. 같은 방법으로 3자리 수는 $9\times9\times8$개, 2자리 수는 9×9개, 1자리 수는 9개가 있다. 따라서 구하는 정수의 개수는

$(9\times9\times8\times7)+(9\times9\times8)+(9\times9)+9=5274$

이다.

■

예제 2-8

카드(playing cards)는 4가지 무늬(spade, heart, diamond, club)가 있는데 각 무늬별로 2, 3, 4, 5, 6, 7, 8, 9, 10, *Jack*, *Queen*, *King*, *Ace* 등 13장씩의 카드가 있어 모두 52장으로 이루어진다. 52장의 카드에서 4장의 카드를 차례로 선택하는데 선택한 카드는 다시 섞어서 그 다음 카드를 선택한다. 다음 물음에 답하여라.

(1) 같은 카드가 중복되어 선택되는 경우는 모두 몇 가지인가?
(2) 네 번째 카드가 최초로 중복된 카드인 경우는 모두 몇 가지인가?
(3) 네 번째 카드가 중복된 카드인 경우는 모두 몇 가지인가?

풀이 (1) 네 장의 카드를 선택하는 방법은 모두 52^4가지다. 중복된 카드가 나오는 가짓수를 세기 보다는 그 반대의 경우, 즉 모든 카드가 다른 경우를 세는 것이 더 쉽다. 모두 다른 카드로 네 장의 카드를 선택하는 방법의 수는 곱셈법칙에 의해 $52\times 51\times 50\times 49$이므로 구하는 경우의 수는

$$52^4-52\times 51\times 50\times 49=814,216$$

(2)곱셈법칙을 사용하자. 첫 번째 카드를 선택하는 방법은 52가지, 두 번째 카드는 첫 번째와 다른 것이어야 하므로 선택하는 방법은 51가지, 세 번째 카드는 앞의 두 카드와 다른 것이므로 선택하는 방법은 50가지, 마지막 카드는 앞의 세 카드 중에 하나가 되어야 하므로 3가지다. 따라서

$$52\times 51\times 50\times 3=397,800$$

가지가 있다.

(3) 카드의 선택이 독립적이 아니므로 곱셈법칙을 사용할 수 없다. 문제 (1)의 방법처럼 반대의 경우, 즉 네 번째 카드가 중복되지 않은 가짓수를 구하자. 먼저 네 번째 카드를 선택하는 방법은 52가지다.(반드시 순서대로 선택한다고 생각할 필요는 없다.) 나머지 3장의 카드는 네 번째 카드가 아닌 모든 카드가 가능하므로 각각 51가지 선택이 가능하다. 따라서

$$52^4-52\times 51^3=413,764$$

가지가 있다.

예제 2-9

문자 a, b, c, d, e, f를 이용하여 길이 3인 문자열을 만든다. 다음 조건을 만족하는 문자열의 개수를 구하여라.

(1) 문자의 중복사용이 가능하다.
(2) 문자의 중복사용이 불가능하다
(3) 문자의 중복사용이 불가능하고 a를 반드시 포함한다.
(4) 문자의 중복사용이 가능하고 a를 반드시 포함한다.

풀이 (1) 문자를 배열할 3자리에 각각 6가지 문자를 선택할 수 있고 각 자리의 선택은 독립적이므로 곱셈법칙에 따라 구하는 문자열의 개수는 $6 \times 6 \times 6 = 216$ 이다.

(2) 첫째 자리에는 6개의 문자를 넣을 수 있고, 둘째 자리에는 앞에서 선택한 문자를 제외한 5개의 문자가 가능하며, 셋째자리에는 앞서 선택한 2개의 문자를 제외한 4개의 문자를 넣을 수 있으므로 구하는 가짓수는 $6 \times 5 \times 4 = 120$ 이다.

(3) 먼저 a를 세 자리 중 한 자리에 배치한다고 생각하면 3가지 방법이 있다. 각 경우에 대하여 남은 두 자리를 a를 제외한 문자들로 배치하면 된다. 그 방법은 $5 \times 4 = 20$ 이다. 따라서 구하는 가짓수는 $3 \times 20 = 60$ 이다.

(4) 문제 (3)의 풀이방법을 다시 써보자. 먼저 a를 세 자리 중 한 자리에 배치한다고 생각하면 3가지 방법이 있다. 각 경우에 대하여 남은 두 자리를 6개의 문자들로 (a도 중복사용이 가능하므로) 배치하면 그 방법은 $6 \times 6 = 36$ 이다. 따라서 구하는 가짓수는 $3 \times 36 = 108$ 이다. 이 풀이는 다음과 같은 문제가 있다. 문자열 aba는 이 방법으로 셈할 때 2번 셈하게 되는데 a를 첫째 자리에 먼저 놓는 경우에 해당하여 한 번 셈하고 a를 셋째 자리에 먼저 놓는 경우에도 해당되어 다시 한 번 셈하기 때문이다. 따라서 이런 어려움을 피하려면 a가 사용되는 횟수에 따라 가짓수를 각하는 것이 필요하다. a를 한 번만 사용한다면 먼저 a를 배치하는 방법이 3가지, 남은 2자리에 a를 제외한 5개의 문자를 중복하여 배치하는 방법이 $5 \times 5 = 25$ 가지므로 모두 75가지다. a를 두 번 사용한다면 먼저 2개의 a를 배치하는 방법이 3가지, 남은 1자리에 a를 제외한 문자를 배치하는 방법이 5가지므로 모두 15가지다. 마지막으로 a를 세 번 사용하는 방법은 1가지므로 구하는 가짓수는 $75 + 15 + 1 = 91$ 이다.

이상의 예에서 보듯이 개수 세는 문제는 덧셈법칙과 곱셈법칙을 반복 사용하여 단순한 문제들로 나누어 생각하는 것이 좋다. 나누어진 문제들이 충분히 간단한 문제라면 다음에 설명할 순열, 조합의 개념을 이용해서 체계적으로 답을 구할 수 있다.

연습문제 2.1 Exercises

1. 540과 432의 공약수는 모두 몇 개인가? 또 이들 공약수를 모두 더하면 얼마인가?

2. 한 상점에 여덟 가지 스타일의 바지가 있다. 각각의 스타일에 열 가지 종류의 허리 크기, 여섯 종류의 바지 길이, 그리고 네 가지의 색상으로 구비되어 있다. 상점에는 몇 개의 서로 다른 바지가 있는가?

3. 영어 알파벳으로 길이 4인 문자열을 만들면 몇 가지 있는가?(단, 중복을 허락했을 경우와 중복을 허락하지 않았을 경우를 구분하여 구하라)

4. 1부터 200까지 정수 중에서 3의 배수거나 5의 배수인 정수를 모두 더하면 그 합은 얼마인가?

5. 숫자 0, 1, 2, ⋯, 9 중에서 다섯 개를 중복선택해서 5 자리 수를 만든다.
(단. 0으로 시작하는 수는 제외한다.)
(1) 5 자리 수는 모두 몇 개인가?
(2) 짝수인 것은 몇 개인가?
(3) 정확히 3을 한 개만 포함하는 수는 몇 개인가?
(4) 순서를 거꾸로 바꾸어도 수가 변하지 않는 수는 몇 개인가?

6. 네 개의 서로 다른 주사위를 던진다.
(1) 적어도 한 개의 5가 나오는 가짓수는 얼마인가?
(2) 제일 큰 눈이 5인 경우는 모두 몇 가지인가?

7. 네 쌍의 부부가 파티에 참석하였다.

(1) 모든 사람이 자신의 배우자를 제외한 나머지 사람과 악수를 했다면 모두 몇 번의 악수가 행해졌는가?

(2) 모든 남자가 자신의 부인을 제외한 모든 여자와 춤을 추었다면 춤을 춘 쌍은 모두 몇 쌍인가?

8. 각 자리의 숫자가 그 오른쪽 자리의 숫자보다 큰 4자리 자연수의 개수를 구하여라.

9. 책 12권이 책장에 일렬로 정리되어있다. 그 중에 4권이 수학책인데 수학책을 모두 한 뭉치로 정렬하는 방법은 모두 몇 가지인가?

10. 길이 n인 이진수열(0과 1로 만들어진 수열) 중에 1이 짝수 개 있는 수열의 수를 구하시오.

11. 10,000이하 자연수 중에서 1,9를 한 개씩 포함하는 자연수는 몇 개인가?

12. n자리 자연수 중에서 같은 수가 연속해서 나오지 않는 것은 몇 개인가? 이중에 짝수는 몇 개인가?

13. n개의 서로 다른 주사위를 던진다.

(1) 나온 눈의 합이 짝수인 경우가 전체의 $1/2$임을 보여라.

(2) 나온 눈의 합이 3의 배수인 경우가 전체의 $1/3$임을 보여라.

2.2 순열과 조합

집합 S의 모든 원소를 일렬로 나열한 것을 S의 순열(permutation)이라 한다. 예를 들어 $S=\{a, b, c\}$의 순열을 모두 만들어보면 $abc, acb, bac, bca, cab, cba$ 6가지다. 순열(順列)은 순서가 있도록 나열한다는 뜻이고 permutation은 서로 위치를 바꾼다는 뜻으로 보통 치환(置換)이라 부른다. 위의 예에서 보듯이 순서를 따져 나열하면 결국 원소끼리 서로 위치를 바꾼 결과가 되어 두 개념은 같은 것이다. 따라서 순열과 치환은 서로 바꿔 사용해도 되지만 여기서는 주로 순열이란 용어를 사용하기로 한다.

[정의] 순열(Permutation)

집합 S가 n개의 원소를 갖고 있을 때 이들 중에서 r개의 서로 다른 원소를 순서를 주어 나열한 것을 $r-$순열이라 하고 이런 순열의 가짓수를 $P(n, r)$로 쓴다.

개수 세는 문제를 $r-$순열로 설명하려면 대상물을 선택하는 회수가 언제나 r이고 선택의 순서를 바꾸었을 때 나타난 결과가 원래의 것과 다른 결과가 되는 문제여야 한다.

예제 2-10

위원회에 12명의 위원이 있다. 이들 중에서 위원장, 부위원장, 감사를 선출하는 방법은 몇 가지인가?

풀이 의자 3개를 일렬로 늘어놓고 첫째 자리는 위원장, 둘째 자리는 부위원장, 셋째 자리는 감사가 앉는다고 생각하면 $n=12$, $r=3$인 순열이다. 따라서 구하는 가짓수는 $P(12, 3)=12\times 11\times 10=1320$

■

정리 2.1

양의 정수 n, r $(r \le n)$에 대하여 $P(n, r)=n(n-1)\cdots(n-r+1)$이다.

증명 r개의 빈 상자에 n가지 물건 중에 한 개씩 골라서 넣는다고 생각한다. 첫 번째 상자에 넣는 물건을 선택하는 방법은 n가지, 두 번째 상자에 넣는 물건을 선택하는 방법은 앞에서 선택한 물건을 제외한 $n-1$가지, … , r 번째 상자에는 앞에서 선택한 $r-1$개의 물건을 제외한 $(n-r+1)$가지가 있으므로
$P(n, r)=n(n-1)\cdots(n-r+1)$이다.

자연수 n에 대하여 n의 계승 $n!=n(n-1)(n-2)\cdots 2\times 1$로 정의하자. ($n$ factorial 이라고 읽는다) 편의상 $0!=1$로 한다. 그러면

$P(n, r)=\dfrac{n!}{(n-r)!}$로 쓸 수 있다. $P(n, 0)=1$로 정의 하면 위 식은 $r=0$일 때도 성립한다. 또한 $r=n$일 때는 (즉 n개의 원소를 모두 나열하는 경우) $P(n, n)=n!$이다

예제 2-11

영어 알파벳 26개 중에서 중복을 하지 않고 길이 5인 단어를 만들 수 있는 가짓수는 얼마인가?

풀이 5개의 빈 상자에 차례로 알파벳을 채워 넣는다고 생각하면 $n=26$, $r=5$인 순열이다. 따라서 $P(26, 5)=26!/(26-5)!=7893600$가지다.

■

예제 2-12

SYSTEMS의 알파벳을 일렬로 늘어놓아 만들 수 있는 단어의 수는 얼마인가?

풀이 7개의 상자를 일렬로 늘어놓고 알파벳을 하나씩 채운다고 생각하자. S를 제외한 4개의 알파벳을 4개의 상자에 채우면 나머지 상자에는 전부 S가 들어가야 하므로 S를 채우는 방법을 생각하지 않고 나머지 알파벳을 나열하는 가짓수만 구하면 된다. Y, T, E, M을 차례로 빈 상자에 넣는다고 하면 그 가짓수는 $P(7, 4)=840$이다.

■

예제 2-13

12명의 위원이 원탁에 앉는 방법은 모두 몇 가지인가?

풀이 12명이 일렬로 앉는다면 간단한 순열의 문제가 되겠지만 원탁은 시작과 끝이 없어 단순한 순열로 생각할 수 없다. 따라서 원탁에 시작점을 임의로 가정하여 단순한 순열문제로 바꾸기로 하자. 12명의 위원 중 어느 한사람이 앉은 자리를 시작점이라 하자.(위원장이 앉은 자리를 생각해도 좋고 아니면 아무개의 자리라도 상관없다) 이 특정한 자리는 미리 정해진 것이 아니고 그 사람이 앉으면 특정한 자리라 취급되는 것이므로 가짓수에 들어가지 않는다. 예를 들어 위원장이 제일 먼저 적당한 자리에 앉으면 나머지 사람이 위원장의 왼쪽부터(또는 오른쪽부터) 빈자리에 차례로 앉는 상황을 그려보면 이해할 수 있을 것이다. 따라서 구하는 가짓수는 $P(11, 11) = 11!$이다. 이와 같이 n개의 서로 구별되는 물건을 원형으로 늘어놓는 순열을 원순열이라 하고 그 가짓수는 $(n-1)!$이다.

원순열 문제는 다음과 같은 방법으로 생각해도 좋다. 원탁에 1부터 12까지 번호가 붙어있다고 가정하면 12명이 원탁에 앉는 방법은 모두 12!가지다.(번호가 있으므로 일렬로 앉는 것과 같다.) 그런데 원탁에 앉는 한 가지 경우에 대해 모든 사람이 한 자리씩 오른쪽으로 옮겨 앉으면 자리의 번호는 바뀌지만 원탁에 앉은 사람들의 상대적인 위치는 변하지 않으므로(번호를 잠시 가린다고 생각하자) 우리는 이런 두 가지 앉는 방법이 서로 "동등"하다고 부른다. 즉 동등하게 앉는 방법들을 모두 한 가지 앉는 방법으로 간주해야한다 로 한다. 모두 12번 자리이동이 가능하므로 동등한 순열은 모두 12개씩 있고 따라서 원순열의 개수는 $12!/12 = 11!$.

■

예제 2-14

5명의 남자와 5명의 여자가 원탁에 앉는데 남녀 번갈아가며 앉는 방법은 모두 몇 가지인가?

풀이 남자 5명이 5개의 자리에 원형으로 앉는 방법은 예제 13의 방법에 따라 모두 4!가지다. 이제 남자들이 앉아있으므로 모든 자리는 서로 구별되는 자리가 되어 남자들 사이에 여자가 앉는 방법의 수는 5!이다. 따라서 모두 $4! \times 5!$가지가 있다.

■

집합 S의 원소 중 일부 또는 전부를 선택한 것을 S의 조합이라 한다. 예를 들어 $S=\{a, b, c\}$의 조합을 모두 만들어보면

$$\varnothing, \{a\}, \{b\}, \{c\}, \{a,b\}, \{b,c\}, \{a,c\}, \{a,b,c\}$$

이고 원소 2개씩 선택한 조합은 $\{a,b\}, \{b,c\}, \{a,c\}$이다.

[정의] 조합(Combination)

집합 S가 n개의 원소를 갖고 있을 때 이들 원소 중에서 r개의 원소를 순서 없이 선택 것을 집합 S의 $r-$조합이라 하고 이런 조합의 가짓수를 $C(n, r)$, 또는$\binom{n}{r}$로 쓴다.

개수 세는 문제를 $r-$조합으로 설명하려면 대상물을 선택하는 회수가 언제나 r이고 선택의 순서를 바꾸어도 원래의 것과 같은 결과가 되는 문제여야 한다.

정리 2.2 조합의 수

양의 정수 $n, r(r \le n)$에 대하여 $P(n, r) = r!C(n, r)$ 이다. 따라서

$$C(n, r) = \frac{n!}{r!(n-r)!}$$

증명 집합 S가 n개의 원소를 갖고 있다고 하자. S의 임의의 $r-$조합에 순서를 주어 나열하는 가짓수는 $r!$ 이다. 모든 $r-$조합에 순서를 주어 나열하면 S의 $r-$순열 전체를 만들 수 있다. 이렇게 얻은 모든 순열의 수는 $P(n, r)$이므로 $P(n, r) = r!C(n, r)$가 성립한다.

예제 2-15

집합 $\{1, 2, 3, 4, 5, 6, 7, 8, 9\}$에서 원소 3개의 부분집합을 만드는 가짓수는 모두 얼마인가? 또 이들 부분집합 중에서 8을 포함하는 것은 모두 몇 개인가?

풀이 9개에서 3개를 선택하는 조합의 수는 $C(9, 3) = 9 \times 8 \times 7/3! = 84$. 숫자 8을 미리 선택하고 나머지 8개의 숫자 중에서 2개를 선택하는 조합의 수이므로 그 가짓수는 $C(8, 2) = 28$

■

예제 2-16

5명의 남자와 5명의 여자로 구성된 모임에서 위원을 선출한다. 다음 물음에 답하여라.
(1) 남자 3명과 여자 2명으로 위원회를 구성하는 방법의 수를 구하여라.
(2) 적어도 2명의 여자를 포함하여 4명의 위원회를 구성하는 방법의 수를 구하여라.
(3) 1명의 위원장, 1명의 부위원장, 1명의 감사를 선출하는 방법의 수를 구하여라.

풀이 (1) 남자 여자를 선출하는 것은 서로 독립적이므로 구하는 방법의 수는 곱셈법칙에 따라서 (남자 선출 가짓수)×(여자 선출 가짓수)가 되어

$\binom{5}{3}\cdot\binom{5}{2}=10\cdot 10=100$

(2) 조건에 맞는 위원회의 구성은 여자 2명 남자 2명, 여자 3명 남자 1명, 여자만 4명인 경우다. 각 경우의 수를 차례로 구하여 더하면

$\binom{5}{2}\cdot\binom{5}{2}+\binom{5}{3}\cdot\binom{5}{1}+\binom{5}{4}=100+50+5=155$

이 문제를 다음과 같이 접근하는 방법이 있다. 여자가 적어도 2명 선출되어야 하므로 우선 여자 2명을 선출한다. $C(5,\ 2)=10$가지. 이제 남은 8명 중에서 2명을 선출한다. $C(8,\ 2)=28$가지. 따라서 곱셈법칙에 따라 구하는 가짓수는 $10\times 28=280$. 어디가 틀린 것인가?

(3) 선출된 사람들은 순서가 있으므로 조합의 문제가 아니고 순열의 문제다. 구하는 가짓수는 $P(10,\ 3)=720$

■

개수 세는 문제의 중요한 응용은 확률의 계산이다. 어떤 특정한 결과가 나오는 가짓수를 계산한다는 것은 대개 확률과 밀접한 관계가 있다. 확률을 논의할 때 흔히 주사위 던지는 문제를 예로 든다. 두개의 구별할 수 없는 주사위를 던져 눈의 합이 6이 될 확률을 구하라는 문제를 생각하자. 보통 이 문제의 풀이는 다음과 같다. 문제에서는 구별할 수 없는 주사위라 했지만 두 개가 구별된다고 생각하여 가능한 눈의 수를 36가지라고 한다. 눈의 합이 6이 되는 경우를 세면 (1, 5), (2, 4), (3, 3), (4, 2), (5, 1)등 5가지가 되어 구하는 확률은 5/36이다. 만약 예제 2-16과 같이 문제의 뜻을 충실히 따라 구별할 수없는 주사위를 던진다고 생각하면 나오는 눈의 가짓수는 21가지이고 눈의 합이 6이 되는 경우를 세면 {1, 5}, {2, 4}, {3, 3} 등 3가지다. 따라서 확률은 $3/21=1/7$이 되어 다른 값을 얻는다. 물론 이것은 틀린 답이다. 확률을 따지려면 가능한 눈의 합이 각각 같은

정도로 나와야 하는데 두 눈이 $\{2, 4\}$가 되는 빈도와 $\{3, 3\}$이 되는 빈도가 다르므로 단순히 확률 =(나온 가짓수)/(전체 가짓수)로 계산할 수 없다.

예제 2-17

52장의 카드에서 무작위로 5장을 골랐을 때 모두 같은 무늬가 될 확률을 구하여라. 또 선택한 카드가 3장의 에이스를 포함할 확률을 구하여라.

풀이 52장의 카드 중에서 5장의 카드를 무작위로 선택하는 것은 조합의 문제이고 가짓수 모두 $C(52, 5) = 52!/47!5! = 2,598,960$이다. 한 무늬 13장의 카드 중에서 5장을 선택하는 방법은 $C(13,5) = 1287$가지이고 모두 4가지 무늬가 있으므로 5장이 모두 같은 무늬가 될 가짓수는 $4 \times 1287 = 5148$

따라서 구하는 확률은 $\dfrac{5148}{2,598,960} = 0.00198$

다음은 3장의 에이스를 갖는 경우의 수를 구해보자. 우선 4장의 에이스 중에서 3장의 에이스를 선택해야하므로 $C(4, 3) = 4$가지가 있다. 나머지 2장을 모두 에이스가 아닌 카드로 선택하는 방법은 $C(48, 2) = 1128$ 가지이므로 모두 $4 \times 1128 = 4512$ 가지가 있다. 따라서 구하는 확률은

$$\frac{4512}{2,598,960} = 0.00174$$

연습문제 2.2

Exercises

1. 여자 3명, 남자 5명을 4명씩 두 팀으로 나누려 한다. 각 팀에 여자가 최소 한 명씩 포함되게 하는 방법은 몇 가지인가?

2. 한 회사에서 6명의 직원을 모집하는 데 50명이 지원하였다.

(1) 6 명을 모두 다른 부서로 발령한다면 직원을 선발하는 방법은 얼마나 되는가?

(2) 2개의 부서에 3명씩을 선발하는 방법은 얼마나 되는가?

3. 영어 알파벳을 사용하여 5개의 모음과 5개의 서로 다른 자음을 배열한 길이 10의 문자열을 만든다. 이때 자음은 서로 연달아 나와서는 안 된다면 이렇게 만들 수 있는 문자열의 개수는 얼마인가?

4. 4자리수의 구내 전화번호를 부여하고자 한다. 중복을 허락하지 않는다면 몇 가지의 번호가 나올 수 있는가?

5. 6권의 서로 다른 프랑스어 책과 8권의 서로 다른 러시아어 책과 5권의 서로 다른 한국어 책이 있다. 이들을 선반 위에 나열하여 놓았을 때 같은 언어 책이 그룹 지어져 나올 경우의 수는?

6. 부모와 4명의 자녀가 원탁에 둘러앉을 때 부모가 마주 앉는 방법은 몇 가지인가? 부모가 이웃하여 앉는 방법은 몇 가지인가?

7. 색깔이 서로 다른 10개의 구슬로 목걸이를 만드는 방법은 모두 몇 가지인가? 단 목걸이를 뒤집었을 때 같아지는 것은 하나로 본다.

8. n쌍의 부부가 참석한 파티에서 남녀 한명씩 뽑아 상을 주기로 하였다. 부부가 아닌 남녀를 선발하는 방법의 수는 얼마인가?

9. 52장의 카드를 잘 섞은 뒤 2장을 뽑았을 때 페어가 될 확률은 얼마인가? (페어는 같은 숫자가 두 장 있는 경우를 말한다.)

10. 20부터 40까지 정수 중에서 두 개를 무작위로 선택했을 때 두 수의 합이 짝수가 될 확률을 구하여라.(두 수가 같은 수가 되어도 좋다.)

11. 52장의 카드에서 두 장의 카드를 선택했을 때,

(1) 첫 번째 카드가 에이스이고 두 번째 카드가 퀸이 아닐 경우는 모두 몇 가지인가?

(2) 첫 번째 카드가 스페이드이고 두 번째 카드가 퀸이 아닐 경우는 모두 몇 가지인가?

12. 10문제 중 7문제를 선택해서 풀어야 하는 수학시험에서 1번부터 5번까지의 5문제 중 적어도 4문제는 선택해야 한다고 했을 때, 학생이 7문제를 선택할 수 있는 방법 수를 구하여라.

13. 8명의 신발을 한 상자에 넣고 2개의 오른쪽 신발과 2개의 왼쪽 신발을 선택했을 때, 적어도 1켤레의 신발이 한 사람의 양쪽 신발이 될 확률을 구하여라.

14. 15명의 사람을 임의로 각각 5명씩 3팀으로 나눈다고 했을 때, 특정한 2명이 서로 다른 팀에 소속될 확률을 구하여라.

15. 20보다 작은 자연수 중 합이 짝수가 되는 세 수를 선택하는 방법 수를 구하여라.

16. 포커는 52장의 카드에서 5장의 카드를 무작위로 선택하여 나온 카드를 가지고 서로 경쟁하는 게임이다. 다음과 같은 5장의 카드를 선택할 확률을 구하여라.

(1) four of a kind(같은 숫자 4장을 갖는 경우)

(2) flush(5장이 모두 같은 무늬가 되는 경우)

(3) full house(three of a kind와 pair를 갖는 경우)

(4) straight(5장의 카드 숫자가 연속되는 경우)

(5) three of a kind(같은 숫자 3장을 갖는 경우)

(6) pair(같은 숫자 2장을 갖는 경우)

(7) no pair(위에 설명한 어느 것에도 해당되지 않는 경우)

2.3 중복순열과 중복조합

집합은 같은 원소가 중복해서 들어있는 경우를 생각하지 않는다. 그러나 조합론 문제 중에는 같은 것이 반복하여 나타나는 집합을 생각할 때가 있다. 이를 위해 다중집합(multi-set)이란 개념을 사용한다. 다중집합이란 같은 원소가 반복하여 들어있는 집합을 말한다. 예를 들어 banana라는 단어에 사용된 알파벳의 집합을 생각하면 $\{a, b, n\}$ 이지만 사용된 알파벳의 다중집합은 $\{a, a, a, b, n, n\}$이 되고 $\{3a, 1b, 2n\}$와 같이 나타내기도 한다. 다중집합의 표현에서 원소 앞에 붙은 수를 중복수라고 하며 보통 집합은 중복수가 모두 1인 다중집합으로 볼 수 있다. 만약 위의 예에서 원소 a, b가 무한히 중복가능하다면 $\{\infty a,\ \infty b,\ 2n\}$과 같이 나타낸다.

모든 원소의 중복수가 무한인 다중집합 $S=\{\infty a_1, \infty a_2, \cdots, \infty a_n\}$에서 k개의 원소를 중복을 허락하여 나열한 모든 순열을 n집합의 k-중복순열이라 한다. 그 개수를 구해보면 k개의 빈 상자에 집합 S의 원소를 넣는 방법의 수와 같은데 상자마다 선택할 수 있는 원소가 n개이므로 모두 n^k가지다.

이제 유한 다중집합 $S = \{a, a, a, b, n, n\}$의 모든 원소를 일렬로 나열하는 중복순열의 수를 생각해보자. 이를 위해 먼저 3개의 a와 2개의 n을 서로 다른 것으로 간주한 집합 $T = \{a_1, a_2, a_3, b, n_1, n_2\}$ 을 생각한다. 집합 T의 순열은 모두 $6! = 720$개인데 이제 다음의 순열들을 보자

$$a_1 a_2 a_3 b n_1 n_2, \quad a_1 a_2 a_3 b n_2 n_1,$$
$$a_1 a_3 a_2 b n_1 n_2, \quad a_1 a_3 a_2 b n_2 n_1,$$
$$a_2 a_1 a_3 b n_1 n_2, \quad a_2 a_1 a_3 b n_2 n_1,$$
$$a_2 a_3 a_1 b n_1 n_2, \quad a_2 a_3 a_1 b n_2 n_1,$$
$$a_3 a_1 a_2 b n_1 n_2, \quad a_3 a_1 a_2 b n_2 n_1,$$
$$a_3 a_2 a_1 b n_1 n_2, \quad a_3 a_2 a_1 b n_2 n_1$$

이상 12개의 순열에서 첨자를 떼면 모두 다중집합 S의 중복순열 $aaabnn$이 된다. 역으로 S의 중복순열 $aaabnn$에 가능한 첨자를 모두 붙이면 위의 12개의 순열을 얻는다. 일반적으로 T의 모든 순열은 12개씩 짝을 지어 S에서 1개의 순열(중복순열)을 만들어 낸다. 따라서 다중집합 S의 중복순열의 개수는 $720/12 = 60$이다. 여기서 분모

$12 = 3!2!$는 3개의 $a_i(i = 1, 2, 3)$와 2개의 $n_j(j = 1, 2)$을 나열하는 가짓수의 곱이며 일반적으로 다음의 정리가 성립함을 알 수 있다.

정리 2.3 중복순열의 수

다중집합 $S = \{n_1a_1, n_2a_2, \cdots, n_ka_k\}$의 중복순열의 개수는

$$\frac{(n_1 + n_2 + ... + n_k)!}{n_1!\ n_2!\ \cdots\ n_k!}$$이다.

예제 2-18

단어 MISSISSIPPI에 쓰인 알파벳을 나열하는 가짓수는 모두 얼마인가?

풀이 M이 1개 I가 4개 S가 4개 P가 2개 있으므로 구하는 가짓수는

$$\frac{(1+4+4+2)!}{1!4!4!2!} = \frac{11!}{1!4!4!2!} = 34650$$이다.

■

예제 2-19

좌표 평면의 원점에서 출발하여 좌표축의 양의 방향으로 1 단위씩 움직이는 동점이 점 $P(n_1, n_2)$에 도달하는 방법의 수를 구하여라.

풀이 동점이 x축 양의 방향으로 1단위 움직이는 것을 a, y축 양의 방향으로 1단위 움직이는 것을 b로 표시하면 점 P에 도달하는 방법은 n_1개의 a와 n_2개의 b를 나열하는 순열과 같다. 따라서 구하는 가짓수는 $\frac{(n_1+n_2)!}{n_1!n_2!}$이다.

■

예제 2-20

집합 $A = \{1, 2, 3, 4, 5, 6\}$ 과 $B = \{a, b, c, d, e\}$가 있다.

(1) A에서 B로의 함수는 모두 몇 개인가?

(2) B에서 A로의 단사함수(injection)는 모두 몇 개인가?

(3) A에서 B로의 전사함수(surjection)는 모두 몇 개인가?

풀이 (1) A의 각 원소에 B의 5가지 원소가 모두 대응 가능하므로 결국 B의 원소를 중복하여 길이 6인 중복순열을 구하는 것이다. 구하는 함수의 개수는 5^6

(2) 단사함수는 함수 값이 중복되지 않는 것이므로 1, 2, 3, 4, 5, 6이라고 번호 붙인 상자에 B의 원소를 차례로 집어넣는 경우와 같다. 따라서 $P(6, 5) = 720$가지가 있다.

(3) 일반적인 전사함수의 개수는 간단히 구할 수 없으나 이 문제의 경우 B의 원소 개수가 A보다 하나 적으므로 쉽게 구할 수 있다. 전사함수가 되려면 B의 원소 중 1개만이 A의 두 원소와 대응한다는 것에 착안하여 다음과 같이 전사함수의 개수를 구한다. 먼저 같은 원소에 대응될 A의 두 원소를 선택한다.
$C(6, 2) = 15$가지. 앞에서 선택한 두 원소를 하나로 보면 모두 5개의 원소에 B의 5개 원소가 1 대 1 대응하는 것이므로 구하는 전사함수의 개수는
$15 \times 5! = 1800$

■

다중집합의 중복조합에 대해 생각해보자. 다중집합 $S = \{a, a, a, b, n, n\}$에서 2－조합을 만들어 보면 $\{a, a\}$, $\{a, b\}$, $\{a, n\}$, $\{b, n\}$, $\{n, n\}$이고 다중집합의 중복조합은 다시 다중집합이 됨을 알 수 있다. 일반적인 중복조합의 수를 구하기 위해 모든 원소의 중복수가 무한인 경우를 먼저 생각하자.(중복수가 유한인 다중집합의 중복조합 개수는 3장 포함배제의 원리를 이용해서 구할 수 있다.) 앞의 예에서 집합 S에 원소 a, b, n 이 각각 무한히 있는 경우를 생각하면 2－조합의 수는 모두 6개가 된다.(집합 $\{b, b\}$가 추가됨) 이제 다중집합 $S = \{\infty a, \infty b, \infty n\}$에서 4-조합의 개수를 구하는 문제를 생각해 보자. 4－중복조합의 가짓수를 구하는 문제는 원소 a, b, n을 중복하여 4번 선택 하는 문제이고 각 원소가 선택된 횟수를 x_1, x_2, x_3라고 하면 방정식 $x_1 + x_2 + x_3 = 4$를 만족하는 음이 아닌 정수해의 개수를 구하는 문제와 같다. 또한 이것은 서로 다른 3개의 상자에 4개의 같은 모양의 공을 넣는 방법의 수다. 이제 공을 ●으로 표시하고 상자의 구분을 ‖로 하자. 그러면 정수해 $x_1 = 1,\ x_2 = 1,\ x_3 = 2$에 해당하는 모양은 ● ‖ ● ‖ ●● 이고(상자가 3개 이므로 구분하는 막대는 2개 필요함) $x_1 = 0,\ x_2 = 2,\ x_3 = 2$에 해당하는 그림은 ‖ ●● ‖ ●● 이다. 결국 공 4개와 막대 2개를 배열하는 모든 방법의 수는 6개의 빈자리에 4개의 공을 배열하는 가짓수와 같고 그 수는 $C(6, 4) = 15$다. 일반적으

로 공이 r개 있고 상자가 n개 있는 경우 r개의 공과 $n-1$개의 막대를 배열하는 경우가 되므로 그 방법의 수는 $C(n-1+r, r)$이 된다. 따라서 다음의 정리가 성립함을 알 수 있다.

정리 2.4 중복조합의 수

다중집합 S에 중복수가 모두 무한인 n개의 원소가 있을 때 r-중복조합의 수, 또는 방정식 $x_1 + x_2 + \cdots x_n = r$의 음이 아닌 정수해의 개수는

$$\binom{n-1+r}{r}\text{이다.}$$

중복조합을 나타내는 기호로 $H(n, r) = C(n-1+r, r)$를 사용하기도 한다. 이미 정의된 $P(n, r)$, $C(n, r)$ 등과 같은 방식으로 $H(n, r)$은 n개에서 중복하여 r개를 선택한다고 기억하면 좋다.

예제 2-21

아이스크림 가게에서 8가지 다른 아이스크림을 판다. 한 상자에 12개의 아이스크림이 들어간다면 아이스크림 1상자를 사는 방법은 몇 가지인가?

풀이 상자에 들어가는 아이스크림에는 순서가 없으므로 조합의 문제이고 각 아이스크림을 선택하는 횟수에 제한이 없으므로 중복조합의 문제다. 즉 8개의 서로 다른 원소로 만들어진 무한 다중집합에서 12개를 선택하는 중복조합의 개수를 구하는 정리에 따라 구하는 가짓수는

$$H(8, 12) = \binom{8-1+12}{12} = \binom{19}{12}\text{이다.}$$

■

예제 2-22

위의 예제 2-21에서 만약 각 아이스크림을 1개 이상 선택해야 한다면 아이스크림 1상자를 사는 방법은 모두 몇 가지인가?

풀이 먼저 각 아이스크림을 1개씩 선택하면 8개가 상자에 들어가고 나머지 4개의 아이스크림을 제한 없이 고르면 된다. 따라서 구하는 가짓수는 8가지 원소를 중복하여 4개 선택하는 중복조합의 문제가 되어 그 답은

$$H(8,4)=\binom{8-1+4}{4}=\binom{11}{4}\text{이다.}$$

■

이 문제는 방정식 $x_1+x_2+\cdots+x_8=12$의 양의 정수해 개수를 구하는 문제와 같다. 일반적으로 다음의 정리가 성립한다.

정리 2.5

다중집합 S에 중복수가 모두 무한인 n개의 원소가 있을 때 각 원소를 1개 이상 선택하는 r-중복조합의 수는 $H(n,r-n)=\binom{r-1}{r-n}=\binom{r-1}{n-1}$이다.

증명 방정식 $x_1+x_2+\cdots x_n=r$의 양의 정수해의 개수를 구하는 문제로 생각한다. $y_i=x_i-1$이라 하면 방정식 $y_1+y_2+\cdots+y_n=r-n$의 음이 아닌 정수해 개수를 구하는 것이 된다. 따라서 정리 2.4에 의해 구하는 가짓수는

$$H(n,\ r-n)=\binom{n-1+r-n}{r-n}=\binom{r-1}{r-n}=\binom{r-1}{n-1}\text{이다.}$$

예제 2-23

사탕 16개를 5명의 아이들에게 나누어주는 방법은 모두 몇 가지인가? 또한 모든 어린이가 적어도 사탕 2개는 받도록 나누어 주는 방법은 모두 몇 가지인가?

풀이 사탕은 서로 구별할 수 없으므로(특별한 조건이 문제에 주어지지 않았다면 상식적으로 사탕은 서로 구별할 수 없다고 가정한다) 어린이가 몇 개의 사탕을 받는가 하는 것이 중요하다. 각 어린이가 받은 사탕의 수를 $x_1, \cdots, x_5$라 하면 문제는 방정식 $x_1+\cdots+x_5=16$의 음이 아닌 정수해의 개수와 $y_i=x_i-2$라 하고 $y_1+\cdots+y_5=6$의 음이 아닌 정수해의 개수를 구하는 것이다. 정리에 의해 구하는 가짓수는

$$H(5,\ 16)=\binom{5-1+16}{16}=\binom{20}{16}=\binom{20}{4}$$

$$H(5,\ 6)=\binom{5-1+6}{6}=\binom{10}{6}\text{이다.}$$

■

연습문제 2.3

Exercises

1. 주사위를 6회 던졌을 때, 1을 한 개, 5를 세 개, 그리고 6을 두 개 얻을 수 있는 방법의 수는?

2. (1) 100,000에서 1,000,000까지 수 중 3, 5, 7로만 이루어진 수는 몇 개 있는가?
   (2) 위의 (1)에서 구한 수 중 3이 두 개, 5가 두 개, 7이 두 개로 이루어진 수는 몇 개 있는가?

3. 1, 2, 2, 4, 6, 6, 6을 이용하여 3,000,000보다 큰 수를 만들 수 있는 방법은 몇 가지 있는가?

4. 6일 동안 매일 저녁에 세 사람의 친구 중 한 사람을 초대하려고 한다. 이 때 한사람이 많아야 3번만 초대될 경우의 수는?

5. MISSISSIPPI의 알파벳을 나열하되 S가 연속해서 나오지 않도록 나열하는 방법은 몇 가지인가?

6. 여섯 가지 아이스크림 중에서 7개를 선택하여 7명의 어린이에게 나누어 준다. 각 아이스크림을 적어도 1개는 선택해야한다면 모두 몇 가지 방법이 있는가?

7. 12개의 책상이 일렬로 놓여있고 5명이 시험을 본다. 어느 두 사람도 붙어 앉지 않도록 하는 방법은 모두 몇 가지인가?

8. 도미노(domino)는 단위정사각형 두 개가 붙어 있는 작은 조각으로 각 정사각형에는 주사위의 눈처럼 점이 새겨있다. 따라서 한 도미노에는 2개의 눈(같은 숫자도 가능)이 있는 데 주사위와 달리 빈눈(0에 해당함)도 가능하여 결국 0부터 6개 까지 점을 새길 수 있다.
   (1) 서로 다른 도미노는 모두 몇 개인가?
   (2) 만약 0개부터 n개 까지 점을 새길 수 있다면 모두 몇 가지 도미노가 있는가?

9. 1, 2, 3, 4, 5, 6, 7, 8 중 5개를 써서 만들 수 있는 5자리의 정수를 작은 수부터 차례대로 쓸 때, 25431은 몇 번째 수인가?

10. 10권의 서로 다른 책을 3명의 학생들에게 나누어 주려고 한다. 각 학생에게 3권 이상 돌아가도록 나누어 주는 방법 수를 구하여라.

11. 방정식 $x_1+x_2+x_3+x_4+x_5=25$의 다음과 같은 정수해의 개수를 구하여라.

(1) 각 x_i가 양의 홀수.

(2) 각 $i=1, 2, 3, 4, 5$에 대하여, $x_i \geq i$.

12. $x_1+x_2+x_3+x_4=30$, $x_1 \geq 2$, $x_2 \geq 0$, $x_3 \geq 5$, $x_4 \geq 8$의 정수해의 개수를 구하여라.

13. 연립방정식 $x_1+x_3=6$, $x_1+x_2+x_3+x_4+x_5=25$의 음이 아닌 정수해의 개수를 구하여라.

14. 연립부등식 $x_1+x_2+\cdots+x_6 \leq 20$, $x_1+x_2+x_3 \leq 7$의 음이 아닌 정수해의 개수를 구하여라.

15. 알파벳 a, b, c, d가 적힌 카드가 각각 n장 있다. $2n$장의 카드를 선택하는 방법은 모두 몇가지인가?

16. 어느 공장의 일과는 12시간이고 근로자는 1시간 씩 4시간을 작업한다.

(1) 2시간 연속하여 작업하지 않도록 시간을 배정하는 방법은 몇인가?

(2) 2시간 까지는 연속작업이 가능하다면 시간 배정의 방법은 몇인가?

17. 정수 3을 순서 있는 양의 정수 합으로 표시하면 4가지 방법이 있다. 즉 3, 2+1, 1+2, 1+1+1. 양의 자연수 n을 이렇게 표시하는 방법이 모두 2^{n-1}가지임을 보이시오.

2.4 이항계수와 이항정리

조합의 수를 나타내는 $C(n, r)$, 또는 $\binom{n}{r}$을 이항계수(binomial coefficient)라고 부른다. 그 이유는 다음에 설명할 이항정리에서 계수로 나타나기 때문인데 이항계수는 여러 가지 재미있는 성질을 갖고 있을 뿐만 아니라 다양한 항등관계를 만들어낼 수 있어 조합론에서 아주 중요한 역할을 하고 있다. 이 장에서는 이항계수의 성질과 이에 관련된 정리를 알아보기로 하자.

다항식 $(x+y)^3$을 전개해보자. 보통 $(x+y)(x+y)$를 구하고 다시 $(x+y)$를 곱하지만 인수 3개를 동시에 곱하여 전개한다고 생각하면 다음과 같은 식을 얻는다.

$$(x+y)(x+y)(x+y) = xxx + xxy + xyx + xyy + yxx + yxy + yyx + yyy$$

동류항을 모으고 정리하면 우변은 아래와 같다.

$$x^3 + 3x^2y + 3xy^2 + y^3.$$

인수 3개를 곱한다는 것은 첫 번째 인수에서 x 또는 y를 선택하고 두 번째 인수와 세 번째 인수에서도 x 또는 y를 선택한다는 것이다. 각 인수마다 2가지 선택이 있으므로 모두 $2 \cdot 2 \cdot 2 = 8$개의 항이 생긴다. 만약 $(x+y)^{10}$을 전개한다면 $2^{10} = 1024$개의 항이 나올 것이다. 3개의 인수를 곱하였으므로 모든 항의 지수 합은 3이다. 따라서 $x^{3-k}y^k$가 나오는 횟수는 $3-k$개의 x와 k개의 y로 만든 모든 가능한 중복순열의 수와 같다. 이것은 상자 3개에 $3-k$개의 x와 k개의 y를 넣는 방법의 수와 같으므로 $\binom{3}{k}$임을 알 수 있고 따라서 $(x+y)^3$의 전개식은 아래와 같이 쓸 수 있다.

$$\binom{3}{0}x^3 + \binom{3}{1}x^2y + \binom{3}{2}xy^2 + \binom{3}{3}y^3$$

같은 방법으로 $(x+y)^n$을 전개하면 $x^{n-k}y^k$의 계수는 $\binom{n}{k}$가 되고 다음 정리를 얻는다.

정리 2.6 이항정리(Binomial Theorem)

n이 양의 정수일 때 모든 x, y에 대해

$$(x+y)^n = x^n + \binom{n}{1}x^{n-1}y + \binom{n}{2}x^{n-2}y^2 + \cdots$$

$$+\binom{n}{k}x^{n-k}y^k+\cdots+\binom{n}{n-1}xy^{n-1}+y^n$$

$$=\sum_{k=0}^{n}\binom{n}{k}x^{n-k}y^k$$

위 등식에 $y=1$을 대입하면 아래 식을 얻는다.

$$(1+x)^n=\binom{n}{0}+\binom{n}{1}x+\binom{n}{2}x^2+\cdots+\binom{n}{k}x^k+\cdots+\binom{n}{n}x^n$$

이항계수의 기본적인 성질을 알아보자. 우선 이항계수는 대칭성을 가진다. 즉

$$\binom{n}{k}=\frac{n!}{k!(n-k)!}=\binom{n}{n-k} \tag{2-1}$$

이 성립한다. 이 식은 대수적으로 간단히 증명할 수도 있지만 조합의 뜻을 생각하면 자명하다. 즉 n개의 원소를 갖는 집합에서 원소 k개의 부분집합을 고르는 방법은 부분집합에 들어가지 않는 원소 $n-k$개를 고르는 방법과 같으므로 대칭성이 성립한다.

정리 2.7 파스칼의항등식

자연수 $n,\ k\ (1\le k\le n)$에 대해 다음 항등식이 성립한다.

$$\binom{n}{k}=\binom{n-1}{k}+\binom{n-1}{k-1} \tag{2-2}$$

증명 이 등식 역시 대수적으로 증명이 가능하지만 조합론적인 논리로 증명하는 것이 더 쉽다. 좌변 $\binom{n}{k}$를 n명 중에 k명의 위원을 선출하는 가짓수로 이해하자. 이제 n명 중에 특정한 한사람을 생각해보면 위원회의 구성은 이 사람이 위원으로 선출되지 않는 경우와 선출되는 경우로 나눌 수 있다. 이 사람이 위원으로 선출되지 않는다면 $n-1$명 중에서 k명의 위원을 선출해야 하고 그 방법은 $\binom{n-1}{k}$가지다. 이 사람이 위원으로 선출된다면 나머지 $n-1$명 중에서 $k-1$명의 위원을 선택해야 하고 그 방법은 $\binom{n-1}{k-1}$가지가 되어 등식이 성립한다.

이항계수 $\binom{n}{k}$를 n의 값에 따라 써보면 아래와 같이 삼각형 모양의 배열이 된다. 이것을 파스칼의 삼각형이라 한다.

$$
\begin{array}{c}
n=0 \quad 1 \quad k=0 \\
n=1 \quad 1 \quad 1 \quad k=1 \\
n=2 \quad 1 \quad 2 \quad 1 \quad k=2 \\
n=3 \quad 1 \quad 3 \quad 3 \quad 1 \quad k=3 \\
n=4 \quad 1 \quad 4 \quad 6 \quad 4 \quad 1 \quad k=4 \\
n=5 \quad 1 \quad 5 \quad 10 \quad 10 \quad 5 \quad 1 \quad k=5 \\
n=6 \quad 1 \quad 6 \quad 15 \quad 20 \quad 15 \quad 6 \quad 1 \quad k=6
\end{array}
$$

위 삼각형 그림에서 각 행은 n에 대응하는 것이고 k에 대응하는 열은 오른쪽에서 왼쪽으로 내려오는 대각선 열이다. 한 열에 있는 연속된 두 수의 합은 그 밑에 있는 다음 열의 항이다. 파스칼의 항등식은 이런 규칙을 대수적으로 표현한 것이다. 이항계수가 포함된 항등식 중에는 대수적인 증명 외에 위와 같이 조합론적인 증명이 가능한 것이 많다. 이런 항등식의 조합론적인 증명은 대수적인 증명보다 조합론의 이해에 도움이 된다. 다음의 예를 보자.

예제 2-24

다음 항등식을 증명하여라.

$$\binom{n}{k}\binom{k}{m} = \binom{n}{m}\binom{n-m}{k-m} \tag{2-3}$$

풀이 좌변은 n명 중에 k명의 위원을 선출하고 이 위원들 가운데 m명의 소위원회를 구성하는 방법의 수를 표시한다고 볼 수 있다. 우변은 m명의 소위원회를 먼저 선출하고 남아있는 $n-m$명 중에서 나머지 $k-m$명의 위원을 선출하는 방법의 수를 의미하므로 좌변과 우변은 같은 집합을 다른 방법으로 셈한 결과가 되어 등식이 성립한다. 위 등식에서 $m=1$ 이라면 다음 식을 얻는다.

$$k\binom{n}{k} = n\binom{n-1}{k-1}, \text{ 또는 } \binom{n}{k} = \frac{n}{k}\binom{n-1}{k-1} \tag{2-4}$$

이제 잘 알려진 이항항등식을 소개하는데 이들은 복잡한 개수 세는 문제에 효과적으로 쓸 수 있다.

$$\binom{n}{0}+\binom{n}{1}+\binom{n}{2}+\cdots+\binom{n}{n}=2^n \tag{2-5}$$

$$\binom{n}{0}+\binom{n+1}{1}+\binom{n+2}{2}+\cdots+\binom{n+r}{r}=\binom{n+r+1}{r} \tag{2-6}$$

$$\binom{r}{r}+\binom{r+1}{r}+\binom{r+2}{r}+\cdots+\binom{n}{r}=\binom{n+1}{r+1} \tag{2-7}$$

$$\binom{n}{0}^2+\binom{n}{1}^2+\binom{n}{2}^2+\cdots+\binom{n}{n}^2=\binom{2n}{n} \tag{2-8}$$

$$\sum_{k=0}^{r}\binom{m}{k}\binom{n}{r-k}=\binom{m+n}{r} \tag{2-9}$$

$$\sum_{k=0}^{m}\binom{m}{k}\binom{n}{r+k}=\binom{m+n}{m+r} \tag{2-10}$$

예제 2-25

식 (2-5)를 조합론적인 방법으로 증명 하여라.

풀이 원소 n개를 가진 집합을 생각한다. 이 집합의 모든 부분집합의 개수를 두 가지 방법으로 셈해보자. 부분집합을 크기로 구분하여 원소가 0개인 부분집합, 원소가 1개인 부분집합, $\cdots$ 원소가 n개인 부분집합의 개수를 차례로 구해보면 그 합은 식 (2-5)의 좌변이다. 한편 모든 부분집합을 만드는 방법은 첫 번째 원소가 그 집합에 들어가는지 아닌지, 두 번째 원소가 들어가는지 아닌지, $\cdots$, n 번째 원소가 들어가는지 아닌지를 기준으로 구할 수 있다. 각 원소마다 2가지 선택이 가능하므로 모두 2^n가지가 있고 이것이 우변이다.

■

보통 위와 같은 항등식을 증명할 때는 같은 대상을 두 가지 방법으로 셈하여 같음을 보이는 것이 일반적인 방법이며 두 가지 방법으로 셈하는 기술은 조합론에서 자주 쓰이는 기본적인 증명법이다.

예제 2-26

식 (2-7)을 조합론적인 방법으로 증명하여라.

풀이 우변은 $n+1$명에서 위원 $r+1$명을 선출하는 방법의 수이다. 이제 위원선출의 방법을 좌변이 의미하는 것처럼 나누어보자. 사람들이 일렬로 늘어서있고 앞에서부터 차례로 위원을 선출한다고 생각한다. $r+1$명의 위원 중에 마지막으로 선출된 사람을 기준으로 보자. 마지막으로 선출된 사람이 $r+1$번 째 사람이라면 그 앞의 r명 모두 위원으로 선출해야하고, 마지막으로 선출된 사람이 $r+2$번 째 사람이라면 그 앞의 $r+1$명 중에서 r명을 선출하고, … 마지막으로 선출된 사람이 $n+1$번 째 사람이라면 그 앞 n명 중에서 r명을 선출한다. 이 방법을 모두 더하면 좌변이 된다. ■

이항계수와 관련된 항등식을 증명하는 또 다른 방법은 이항정리

$$(1+x)^n = \binom{n}{0} + \binom{n}{1}x + \binom{n}{2}x^2 + \cdots + \binom{n}{k}x^k + \cdots + \binom{n}{n}x^n \tag{2-11}$$

를 이용하는 것이다.

먼저 식 (2-11)에 $x=1$을 대입하면 다음 항등식을 얻는다.

$$(1+1)^n = 2^n = \binom{n}{0} + \binom{n}{1} + \binom{n}{2} + \cdots + \binom{n}{n} \tag{2-12}$$

만약 식 (2-11)에 $x=-1$을 대입하면

$$(1-1)^n = 0 = \binom{n}{0} - \binom{n}{1} + \binom{n}{2} - \cdots + (-1)^n\binom{n}{n} \tag{2-13}$$

$$\binom{n}{0} + \binom{n}{2} + \cdots = \binom{n}{1} + \binom{n}{3} + \cdots = 2^{n-1} \tag{2-13}$$

을 얻는다. 식 (2-12)의 양변을 미분한 뒤 $x=1$을 대입하면

$$n(1+1)^{n-1} = n2^{n-1} = \binom{n}{1} + 2\binom{n}{2} + 3\binom{n}{3} + \cdots + n\binom{n}{n} \tag{2-14}$$

을 얻을 수 있고 다시 미분을 반복하면 비슷한 방법으로 다양한 항등식을 만들 수 있다.

이항정리를 $(x+y+z)^n$과 같이 항이 3개 이상 있는 경우에도 확장할 수 있는지 알아보자. 먼저 다항계수를 다음과 같이 정의한다.

[정의] 다항계수(multinomial coefficient)

음이 아닌 정수 $n_1, n_2, \cdots, n_t$ (단 $n_1 + n_2 + \cdots + n_t = n$)에 대해 다항계수를 다음과 같이 정의한다.

$$\binom{n}{n_1,\ n_2,\ \cdots,\ n_t} = \frac{n!}{n_1!\ n_2!\ \cdots\ n_t!}$$

예를 들어 $(x+y+z)^3$ 을 전개하여 동류항끼리 모으면

$$x^3 + y^3 + z^3 + 3x^2y + 3xy^2 + 3x^2z + 3xz^2 + 3y^2z + 3yz^2 + 6xyz$$

을 얻는다. 위에 나타난 항들은 $n_1 + n_2 + n_3 = 3$을 만족하는 음이 아닌 정수해 $n_1,\ n_2,\ n_3$에 대해 $x^{n_1}y^{n_2}z^{n_3}$을 모두 모은 것이고 $x^{n_1}y^{n_2}z^{n_3}$의 계수는 x를 n_1 번, y를 n_2번, z를 n_3번 선택하여 나열하는 가짓수이므로 중복순열의 개수와 같다. 즉 $\frac{3!}{n_1!n_2!n_3!}$이다. 따라서 다음의 정리가 성립함을 예상할 수 있다.

정리 2.8 다항정리(Multinomial Theorem)

n이 양의정수일 때 모든 $x_1,\ x_2,\ \cdots\ x_t$에 대해 다음 항등식이 성립한다.

$$(x_1 + x_2 + \cdots + x_t)^n = \sum \binom{n}{n_1, n_2, \cdots, n_t} x_1^{n_1} x_2^{n_2} \cdots x_t^{n_t}$$

합은 $n_1 + n_2 + \cdots + n_t = n$을 만족하는 모든 음이 아닌 정수 $n_1,\ n_2,\ \cdots, n_t$에 대하여 정의된다.

증명 $(x_1 + x_2 + \cdots + x_t)^n$의 전개식에서 $x_1^{n_1} x_2^{n_2} \cdots x_t^{n_t}$의 계수는 x_1이 n_1개, x_2가 n_2개, $\cdots$, x_t가 n_t개 나열된 중복순열의 수와 같다. 정리 2.3에서 그 개수는

$$\frac{n!}{n_1!\ n_2!\ \cdots\ n_t!} = \binom{n}{n_1,\ n_2,\ \cdots,\ n_t}$$

예제 2-27

$(x_1 + x_2 + x_3 + x_4 + x_5)^7$을 전개할 때 $x_1^2 x_2 x_4^3 x_5$의 계수를 구하여라.

풀이 정리 2.8에 의하여 구하는 계수는

$$\binom{7}{2,\ 0,\ 1,\ 3,\ 1} = \frac{7!}{2!\ 0!\ 1!\ 3!\ 1!} = 420$$

■

예제 2-28

$(2x_1 - 3x_2 + 5x_3)^6$을 전개할 때 $x_1^3 x_2 x_3^2$의 계수를 구하여라.

풀이 정리 2.8에 의하여 구하는 계수는

$$\binom{6}{3,\ 1,\ 2}(2)^3(-3)(5)^2 = \frac{6!}{3!\ 1!\ 2!}(2)^3(-3)(5)^2 = -36,000$$

■

다항계수에도 이항계수와 유사하게 파스칼의 항등식이 성립한다.

정리 2.9 파스칼의 항등식

$$\binom{n}{n_1,\ n_2,\ \cdots,\ n_t} = \sum_{i=1}^{t}\binom{n-1}{n_1,\ \cdots,\ n_{i-1},\ n_{i+1},\ \cdots\ n_t}$$

증명

$$\binom{n}{n_1,\ n_2,\ \cdots,\ n_t} = \frac{n_1 + n_2 + \cdots + n_t}{n}\binom{n}{n_1,\ n_2,\ \cdots,\ n_t}$$

$$= \sum_{i=1}^{t}\frac{n_i}{n}\binom{n}{n_1 n_2, \cdots\ n_t}$$

$$= \sum_{i=1}^{t}\binom{n-1}{n_1,\ \cdots,\ n_{i-1},\ n_{i+1},\ \cdots,\ n_t}$$

조합론적인 증명도 가능하다. 설명을 간단히 하기위해 $t = 3$인 경우에 대해 증명해보자. 일반적인 경우도 같은 방법으로 증명이 가능하다.

3차원 좌표공간의 원점에서 출발하여 좌표축의 양의 방향으로 1단위씩 움직이는 동점이 점 $P(n_1, n_2, n_3)$에 도달하는 방법의 수는 중복순열의 개수 $\binom{n_1+n_2+n_3}{n_1,\ n_2,\ n_3}$이다. 그런데 P에 도달하기 바로 전 단계에 동점은 점 $P_1(n_1-1,\ n_2,\ n_3)$, $P_2(n_1,\ n_2-1,\ n_3)$, $P_3(n_1,\ n_2,\ n_3-1)$ 중 어느 한 점에 있다. P에 도달하는 모든 경로는 이들 세 점 중에 어느 한 점을 반드시 지나야 하고 각각의 경로는 서로 다른 경로이므로 덧셈법칙에 따라 세 점에 도달하는 방법의 합이 구하는 모든 경로의 수다. $n_1+n_2+n_3=n$이라 하고 각 점에 도달하는 방법의 수를 중복순열의 수로 계산하면

$$\binom{n}{n_1,\ n_2,\ n_3}=\binom{n-1}{n_1-1,\ n_2,\ n_3}+\binom{n-1}{n_1,\ n_2-1,\ n_3}+\binom{n-1}{n_1,\ n_2,\ n_3-1}$$

이므로 정리가 증명되었다.

연습문제 2.4

Exercises

1. $\binom{2n}{n}+\binom{2n}{n-1}=\frac{1}{2}\binom{2n+2}{n+1}$임을 보여라.

2. 수학적 귀납법을 이용하여 이항정리를 증명하라.

3. 다항정리를 사용하여 $(x+y+z)^4$를 전개하라.

4. $\binom{k+m+n}{k}\binom{m+n}{m}=\frac{(k+m+n)!}{(k!m!n!)}$ 임을 보여라.

5. $2\binom{n}{2}+\binom{n}{1}=n^2$ 임을 보이고 항등식 (2-7)을 이용하여 자연수의 제곱합 $1^2+2^2+\cdots+n^2$을 구하는 공식을 찾으시오.

6. $a\binom{n}{3}+b\binom{n}{2}+c\binom{n}{1}=n^3$이 성립하는 자연수 a, b, c를 찾으시오. 이 식을 이용하여 자연수의 3제곱합 $1^3+2^3+\cdots+n^3$을 구하는 공식을 찾으시오.

7. 이항항등식 (2-6), (2-8), (2-9), (2-10)이 성립함을 조합론적인 방법을 사용하여 증명하시오.

8. 다음 식의 전개식에서 모든 계수의 합을 구하여라.

(1) $(2+3x)^5$　　(2) $(3x-4y)^6$　　(3) $(x-y)^6$

9. $\binom{n}{0}+2\binom{n}{1}+\binom{n}{2}+2\binom{n}{3}+\cdots$ 의 합을 구하여라.

10. $\sum_{k=2}^{n}k(k-1)\binom{n}{k}$을 구하여라.

11. 합 $\binom{n}{1}+2^2\binom{n}{2}+\cdots+n^2\binom{n}{n}$ 을 합을 구하여라.

12. $\sum_{k=m}^{n}\binom{k}{r}=\binom{n+1}{r+1}-\binom{m}{r+1}$ 임을 보여라.

13. 다음 등식을 증명하라.

(1) $\binom{n}{1}-2\binom{n}{2}+3\binom{n}{3}-\ldots+\left((-1)^{n-1}n\binom{n}{n}\right)=0$

(2) $\binom{n}{k}-\binom{n-3}{k}=\binom{n-1}{k-1}+\binom{n-2}{k-1}+\binom{n-3}{k-1}$

(3) $\binom{n}{0}-\binom{n}{1}+\binom{n}{2}-\cdots+(-1)^k\binom{n}{k}=(-1)^k\binom{n-1}{k}$

(4) $\frac{C(n,1)}{1\times 2}-\frac{C(n,2)}{2\times 3}+\cdots+(-1)^{n+1}\frac{C(n,n)}{n(n+1)}=\sum_{k=2}^{n+1}\frac{1}{k}$

14. 파스칼의 삼각형에서 n 번째 행의 계수들은 부등식 $\binom{n}{1}<\binom{n}{2}<\cdots<\binom{n}{\lfloor n/2 \rfloor}$ 과 $\binom{n}{\lfloor n/2 \rfloor+1}>\cdots>\binom{n}{n-1}>\binom{n}{n}$ 을 만족함을 보이시오.

(힌트: 인접한 항의 비를 생각)

15. $(x+y)(2+x+y)^8$ 의 전개식에서 x^3y^3 의 계수를 구하시오

16. $(a+bx+cx^2)^7$ 의 전개식에서 x^4 의 계수를 구하시오.

2.5 이항정리의 확장

지금까지 이항계수 $\binom{n}{k}$는 n, k가 음이 아닌 정수인 경우에만 정의 되었다. 이것을 음의 정수나 실수로 확장하여 정의하는 것이 가능한지 알아보기로 한다. 먼저 n, k가 음의 정수라면 어떻게 될지 생각해보자. 이 경우 $\binom{n}{k}$의 값을 조합론적인 선택의 방법을 써서 정의하기는 곤란하다. 따라서

$$\binom{n}{k} = \frac{n!}{(n-k)!k!} = \frac{n(n-1)(n-2)\cdots(n-k+1)}{k!}$$

을 이용하여 정의해보자. 예를 들어 $\binom{-3}{5}$를 위의 식에 따라 써보면

$$\frac{(-3)(-4)(-5)(-6)(-7)}{5!} = -21$$

가 되어 이렇게 정의하는데 문제가 없어 보인다. 그런데 $\binom{5}{-3}$을 위의 식에 따라 계산하려면 우선 분자에 몇 개의 인수를 곱해야하는지 결정하기가 어렵다. 만약 3개의 인수를 (-3에서 부호를 없앤 것) 곱한다고 생각하면 $\frac{5 \cdot 4 \cdot 3}{(-3)!}$이 되는데 분모 $(-3)!$ 값을 정의하기도 어렵다. 굳이 정의한다면 $(-3)(-2)(-1) = -3!$이라 할 수 있지만 $\binom{5}{-3} = -\binom{5}{3}$이 되어 특별히 쓸모가 없다. 따라서 우리는 k가 음수인 경우를 생각하지 않기로 한다. 만약 k가 음이 아닌 정수라면 n이 반드시 정수일 필요도 없다. 즉 α가 실수일 때

$$\binom{\alpha}{k} = \frac{(\alpha)(\alpha-1)(\alpha-2)\cdots(\alpha-k+1)}{k!}$$

로 정의해도 무리가 없기 때문이다. 이제 새로운 기호를 정의하자.

n, k가 음이 아닌 정수일 때 $(n)_k = n(n-1)\cdots(n-k+1)$ $(k \le n)$를 떨어지는 계승(falling factorial) 이라 부른다. 이 값은 순열의 수 $P(n, k)$와 같다. 이 기호를 n이 실수인 경우에도 쓰기로 하자. 즉 α가 실수이고 k가 양의 정수일 때

$$(\alpha)_k = \alpha(\alpha-1)(\alpha-2)\cdots(\alpha-k+1)$$

라고 정의한다.

비슷한 방법으로 $(n)^k = n(n+1)\cdots(n+k-1)$을 올라가는 계승(rising factorial)이라

한다. 따라서 α가 실수이고 k가 양의 정수일 때 $(\alpha)^k = \alpha(\alpha+1)(\alpha+2)\cdots(\alpha+k-1)$ 라고 정의한다.

위의 기호를 이용하여 이항계수를 다음과 같이 확장된 의미로 정의하자.

[정의] 일반화된 이항계수

임의의 실수 α와 정수 k에 대해 이항계수 $\binom{\alpha}{k}$를 다음과 같이 정의한다.

$$\binom{\alpha}{k} = \begin{cases} \dfrac{(\alpha)_k}{k!}, & (k \geq 1) \\ 1, & (k=0) \\ 0, & (k<0) \end{cases}$$

이제 확장된 이항계수와 관련된 항등식을 알아보자.

예제 2-29

k가 양의 정수일 때 다음을 증명하여라.

$$\binom{-n}{k} = (-1)^k H(n,k) = (-1)^k \binom{n+k-1}{k}$$

풀이 일반화된 이항계수의 정의에 따라

$$\binom{-n}{k} = \frac{(-n)(-n-1)(-n-2)\cdots(-n-k+1)}{k!}$$

$$= (-1)^k \frac{n(n+1)(n+2)\cdots(n+k-1)}{k!}$$

$$= (-1)^k \binom{n+k-1}{k}$$

$$= (-1)^k H(n,k)$$

■

예제 2-30

k가 양의 정수일 때 다음을 증명하여라.

$$\binom{1/2}{k} = \frac{(-1)^{k-1}}{k2^{2k-1}}\binom{2k-2}{k-1}$$

풀이

$$\binom{1/2}{k} = \frac{1/2(1/2-1)(1/2-2)\cdots(1/2-k+1)}{k!}$$

$$= \frac{(-1)^{k-1}}{2^k}\,\frac{1\cdot 3\cdot 5\cdot \cdots \cdot(2k-3)}{k!}$$

$$= \frac{(-1)^{k-1}}{2^k}\,\frac{1\cdot 2\cdot 3\cdot 4\cdot 5\cdot 6\cdot \cdots(2k-3)(2k-2)}{(k!)2\cdot 4\cdot 6\cdots(2k-2)}$$

$$= \frac{(-1)^{k-1}}{k2^{2k-1}}\,\frac{(2k-2)!}{(k-1)!^2} = \frac{(-1)^{k-1}}{k2^{2k-1}}\binom{2k-2}{k-1}$$

■

예제 2-31

α가 실수이고 k가 양의 정수일 때 다음을 증명하여라.

$$\binom{\alpha}{k+1} = \frac{\alpha-k}{k+1}\binom{\alpha}{k}$$

풀이

$$\binom{\alpha}{k+1} = \frac{\alpha(\alpha-1)\cdots(\alpha-k+1)(\alpha-k)}{k!(k+1)}$$

$$= \frac{\alpha-k}{k+1}\binom{\alpha}{k}$$

■

일반화된 이항계수에도 파스칼의 항등식이 성립한다.

정리 2.10

임의의 실수 α와 정수 k에 대해 다음이 성립한다.

$$\binom{\alpha}{k} = \binom{\alpha-1}{k-1} + \binom{\alpha-1}{k}$$

증명 $k<0$이면 양변이 모두 0이 되어 등식이 성립한다.

$k=0$이면 양변이 모두 1이 되어 등식이 성립한다.

$k=1$이면 (좌변)$=\alpha$, (우변)$=1+(\alpha-1)=\alpha$이므로 등식이 성립한다.

$k \geq 2$이면

$$\begin{aligned}\binom{\alpha-1}{k-1} + \binom{\alpha-1}{k} &= \frac{(\alpha-1)(\alpha-2)\dots(\alpha-k+1)}{(k-1)!} + \frac{(\alpha-1)(\alpha-2)\dots(\alpha-k)}{k!} \\ &= \frac{(\alpha-1)(\alpha-2)\dots(\alpha-k+1)}{k!}(k+\alpha-k) \\ &= \frac{\alpha(\alpha-1)(\alpha-2)\dots(\alpha-k+1)}{k!} = \binom{\alpha}{k}\end{aligned}$$

일반화된 이항계수를 이용하여 이항식의 전개가 가능하다는 사실은 1676년 뉴턴에 의해 증명되었다.

정리 2.11 뉴턴의 이항정리

α가 임의의 실수일 때 $|x|<1$인 모든 x에 대해

$$(1+x)^{\alpha} = \sum_{n=0}^{\infty} \binom{\alpha}{k} x^n$$

증명 먼저 무한급수 $\sum_{n=0}^{\infty} \binom{\alpha}{n} x^n$가 수렴함을 보이자.

$a_n = \binom{\alpha}{n} x^n$ 이라 하면

$$\left|\frac{a_{n+1}}{a_n}\right| = \left|\frac{\binom{\alpha}{n+1} x^{n+1}}{\binom{\alpha}{n} x^n}\right| = \left|\frac{\alpha-n}{n+1}\right||x| \text{ 이므로}$$

$$\lim_{n\to\infty}\left|\frac{a_{n+1}}{a_n}\right| = \lim_{n\to\infty}\left|\frac{(\alpha-n)}{(n+1)}\right||x| = |x| < 1$$

따라서 무한급수는 수렴한다.

이제 $f(x)=\sum_{n=0}^{\infty}\binom{\alpha}{n}x^n$ 라 하고 $f(x)=(1+x)^\alpha$ 임을 보인다.

$f'(x)=\sum_{n=1}^{\infty}n\binom{\alpha}{n}x^{n-1}=\sum_{n=0}^{\infty}(n+1)\binom{\alpha}{n+1}x^n$ 이므로

$xf'(x)=\sum_{n=0}^{\infty}n\binom{\alpha}{n}x^n$

따라서 두 식을 더하고 예제 3의 등식을 이용하면

$$(1+x)f'(x)=\sum_{n=0}^{\infty}\left\{(n+1)\binom{\alpha}{n+1}+n\binom{\alpha}{n}\right\}x^n$$

$$=\sum_{n=0}^{\infty}\alpha\binom{\alpha}{n}x^n=\alpha f(x)$$

이 등식으로부터

$$\frac{f'(x)}{f(x)}=\frac{\alpha}{1+x}$$

를 얻고 따라서

$$\log|f(x)|=\alpha\log(1+x)+C$$

$$|f(x)|=D(1+x)^\alpha$$

$$f(x)=E(1+x)^\alpha$$

$f(0)=1$ 에서 $E=1$ 이므로, $f(x)=(1+x)^\alpha$

예제 2-32

뉴턴의 이항정리를 이용하여 $\sqrt{20}$ 의 근삿값을 구하여라.

풀이 $f(x)=(1+x)^{1/2}$ 라고 놓으면 이항정리에서

$$f(x)=1+\sum_{k=1}^{\infty}\frac{(-1)^{k-1}}{k2^{2k-1}}\binom{2k-2}{k-1}x^k$$

$$=1+\frac{1}{2}x-\frac{1}{2\times 2^3}\binom{2}{1}x^2+\frac{1}{3\times 2^5}\binom{4}{2}x^3-\cdots$$

이므로

$\sqrt{20}=\sqrt{16+4}=4\sqrt{1+0.25}$ 로 하고 위의 식에 대입하면

$$4\sqrt{1+0.25} = 4[1+\frac{1}{2}(0.25)-\frac{1}{8}(0.25)^2+\frac{1}{16}(0.25)^3-\cdots$$

$$= 4.472...$$

연습문제 2.5

Exercises

1. 다음을 전개를 할 때 처음 네 항을 구하여라.

(a) $(1+x)^{1/5}$ (b) $(1-2x)^{1/2}$

2. Newton의 이항정리를 사용하여 $10^{1/3}$의 근삿값을 구하여라.

3. 임의의 실수 α와 정수 m, k에 대하여 다음이 성립함을 보여라.

$$\binom{\alpha}{m}\binom{m}{k}=\binom{\alpha}{k}\binom{\alpha-k}{m-k}$$

4. 임의의 실수 α, β와 자연수 n, k 에 대해 다음 등식이 성립함을 보여라.

$$\sum_{k=0}^{n}\binom{\alpha}{k}\binom{\beta}{n-k}=\binom{\alpha+\beta}{n}$$

5. 이항정리를 이용하여 다음 등식을 증명하라.

$$3^n = \sum_{k=0}^{n}\binom{n}{k}2^k$$

6. 연습문제 5번의 등식을 일반화하여 모든 실수 r에 대하여 다음 합을 구하여라.

$$\sum_{k=0}^{n}\binom{n}{k}r^k$$

제 3 장 배열과 분배

지금까지 우리는 특정한 조건을 만족하는 배열의 가짓수를 셈하였다. 그러나 문제에 따라서는 개수를 세기 전에 과연 그런 배열이 존재 하는가 따져 보아야할 때가 있다. 조합수학에서 배열의 존재성을 보장하는 핵심적 원리로서 비둘기집 원리가 있다. 이 원리는 너무나 당연한 주장이어서 원리라고 부르는 것이 이상할 정도지만 실제로 사용하기는 어렵다. 여러 집합에 걸쳐있는 원소들의 개수를 세는 방법으로 포함배제의 원리를 도입하고 복잡한 개수 세는 문제를 효과적으로 해결한다. 여러 형태의 개수 세는 문제를 물건을 분배하는 모델로 설명한다.

3.1 비둘기집 원리

이 절에서는 아주 당연하고 기본적인 정리를 이용하여 다양한 문제를 풀어보기로 한다. 이 정리는 비둘기집 원리(pigeonhole principle), 디리끌레의 서랍 원리(Dirichlet drawer principle), 신발상자의 원리(shoebox principle) 등 다양한 이름으로 불리는데 우리는 비둘기집 원리라고 부르기로 한다. 이 원리는 비둘기집이 비둘기의 수보다 적으면 어느 집에는 비둘기가 두 마리 이상 들어가야 한다는 아주 자명한 원리를 말하는 것으로 단순한 원리지만 다양한 문제에 적용할 수 있는 아주 강력한 수학적인 도구이다.

정리 3.1 비둘기집 원리

$n+1$마리의 비둘기를 n개의 비둘기집에 넣으면 비둘기 2마리 이상 들어간 집이 반드시 있다.

증명 귀류법을 쓰기로 하자. 만약 모든 비둘기집에 한 마리 이하의 비둘기만 들어 있다면 전체로는 기껏해야 n마리가 들어있다. 원래 $n+1$마리의 비둘기가 있으므로 모순이다. 따라서 어느 집에는 비둘기가 두 마리 이상 들어있다.

이 원리는 어느 집에 두 마리의 비둘기가 들어있는지 알려주지는 않는다. 단지 그런 집이 반드시 존재한다는 사실만을 보장할 뿐이다. 이 원리를 적용하여 문제를 해결하려면 무엇을 비둘기로 두고 무엇을 비둘기집으로 둘 것인가를 결정하는 것이 가장 중요하다. 이제 예제를 통해 이 원리의 적용방법을 알아보자.

예제 3-1

13명이 한 방에 있다. 그 중에는 생월이 같은 사람이 반드시 있음을 보여라.

풀이 각 사람의 생월을 x_i, $i=1,\cdots,13$.라 하면 이것이 비둘기에 해당한다.

1월, 2월, ... ,12월을 비둘기집으로 보고 각 x_i를 해당하는 월에 집어넣으면 비둘기집에 해당하는 월은 12개인데 비둘기에 해당하는 생월은 13개이므로 비둘기집 원리에 따라 같은 집에 들어간 비둘기가 반드시 있다. 즉 생월이 같은 사람이 반드시 있다.(그러나 누가 같은 달인지, 또는 어느 달인지 등은 주어진 정보만으로는 알 수 없다.)

■

예제 3-2

n개의 정수 $a_1, a_2, \cdots, a_n$이 있다면 이들 중에서 몇 개의 연속된 수를 더하여 n의 배수를 만들 수 있음을 보여라.

풀이 적당한 정수 $1 \le k \le l \le n$이 존재하여 합 $a_{k+1} + a_{k+2} + \cdots + a_l$이 n으로 나누어짐을 보이면 된다. 먼저 다음과 같은 n개의 합을 생각하자.

$$
\begin{aligned}
S_1 &= a_1 \\
S_2 &= a_1 + a_2 \\
S_3 &= a_1 + a_2 + a_3 \\
&\vdots \\
S_n &= a_1 + a_2 + \ldots + a_n
\end{aligned}
$$

만약 이들 중에 하나가 n으로 나누어지면 증명은 끝난다. 따라서 어느 것도 n으로 나누어지지 않는다고 가정하자. 그리고 각 S_i를 n으로 나눈 나머지를 생각하자. 어느 것도 n으로 나누어지지 않으므로 나머지는 $1, 2, 3, \cdots, n-1$ 중에 하나다. 이제 나머지들을 비둘기로 보고 $1, 2, 3, \cdots, n-1$을 비둘기집으로 보면 나머지는 n개인데 가능한 나머지의 가짓수는 $n-1$개 이므로 같은 나머지를 갖는 두개의 합이 반드시 있다. 두 합을 $S_k = a_1 + \cdots + a_k$, $S_l = a_1 + \cdots + a_l (1 \le k < l \le n)$라 하고 공통의 나머지를 r이라 하면 적당한 정수 b, c가 있어 다음을 만족한다.

$a_1 + a_2 + \cdots + a_k = bn + r$

$a_1 + a_2 + \cdots + a_l = cn + r$

이제 이 둘을 빼면 $a_{k+1} + a_{k+2} + \cdots + a_l = (c-b)n$이 되어 연속된 수의 합 $a_{k+1} + a_{k+2} + \cdots + a_l$이 n의 배수이다.

■

예제 3-3

200이하의 자연수 중에서 101개를 택하면 그중에 어느 하나가 다른 하나를 나누는 두 수가 반드시 존재함을 보여라.

풀이 모든 자연수는 $2^k a$, (a는 홀수)의 꼴로 표현할 수 있다. 선택한 수를 $x_1, x_2, \cdots, x_{101}$이라면 각 $i = 1, 2, \cdots, 101$에 대해서 음이 아닌 정수 k_i가 있어 $x_i = 2^{ki} a_i$, (a_i는 홀수)의 꼴로 표현된다. 여기서 $\{a_1, a_2, \cdots, a_{101}\} \subset \{1, 2, 5, \cdots, 199\}$ 이므로 비둘기집 원리에 의하여 $a_i = a_j (= a)$가 되는 $i, j, (i \ne j)$가 존재한다. 즉 $x_i = 2^{k_i} a$, $x_j = 2^{k_j} a$이므로 둘 중에 하나는 다른 하나의 약수가 된다. 이 문제에서 101개의 정수를 선택한다는 조건은 더 이상 완화할 수 없다. 즉 100개의 정수를 선택하면 결론이 성립하지 않는다. 실제로 정수 $101, \cdots, 200$을 선택하면 어느 것도 다른 수의 약수나 배수가 될 수 없다.

■

예제 3-4

어떤 테니스 선수가 30일 동안 매일 1게임 이상 연습게임을 하며 모두 45게임을 하였다고 한다. 그러면 이 선수는 연속된 며칠 사이에 정확하게 14게임을 한 기간이 있음을 증명하시오.

풀이 선수가 처음 k일 동안 a_k회의 게임을 했다고 하면

$1 \le a_1 < a_2 < \ldots < a_{30} = 45$

$a_1 + 14 < a_2 + 14 < \cdots < a_{30} + 14 = 45 + 14 = 59$

$S = \{a_1, a_2, \cdots, a_{30}, a_1 + 14, a_2 + 14, \cdots, a_{30} + 14\} \subset \{1, 2, \cdots, 59\}$이므로

비둘기집 원리에 의해서 집합 S에는 같은 수가 존재한다. 그런데 $a_1, a_2, \ldots, a_{30}$ 들은 서로 다르고 $a_1 + 14, a_2 + 14, \ldots, a_{30} + 14$ 들도 서로 다르므로 같은 수가 되려면 적당한 i, j가 있어 $a_i + 14 = a_j$ 가 성립해야 한다. 따라서 $a_j - a_i = 14$이므로 $i+1$일부터 j일까지 이 선수는 정확히 14게임을 하였다. ■

만약 10마리의 비둘기를 3개의 집에 넣는다면 4마리가 들어간 집이 반드시 있다. 일반적으로 다음 정리가 성립한다.

정리 3.2 비둘기집 원리2

n마리의 비둘기를 m개의 비둘기집에 넣으면 $\lceil n/m \rceil$ 마리 이상 들어간 집이 반드시 있다.

증명 모든 비둘기집에 n/m마리 미만의 비둘기만 들어있다면 집에 들어간 비둘기의 수는 모두 $m \times n/m = n$미만이 되어 모순이다. 따라서 어느 집에는 n/m마리 이상의 비둘기가 들어있고 그 값은 정수이므로 $\lceil n/m \rceil$ 마리 이상이다.

예제 3-5

50명의 사람이 있으면 적어도 8명의 사람이 같은 요일에 태어났음을 보여라.

풀이 $50/7 > 7$이므로 정리에 의해 적어도 8명이 같은 요일에 태어났다. ■

예제 3-6

좌표평면에서 x, y좌표가 모두 정수인 점을 격자점이라 한다. 5개의 격자점이 주어졌다면 이들 점을 잇는 선분들의 중점 중에 하나는 격자점임을 보여라.

풀이 두 격자점의 중점이 다시 격자점이 되는 경우는 두 점의 x좌표 합과 y좌표 합이 각각 짝수인 경우다. 따라서 원소가 모두 짝수거나 모두 홀수인 집합을 "좋은 집합"이라 부르기로 하자. 그러면 주어진 문제는 x좌표 집합과 y좌표 집합이 "좋은 집합"이 되는 두 점이 있다는 것을 보이는 것이다. 이제 5개의 격자점을 $P_i = (x_i, y_i)$, $(i = 1, \cdots, 5)$라 하자. 비둘기집 원리에 의해 다섯 점의 x좌표 중 적어도 3개는 "좋은 집합"을 이룬다. 일반성을 잃지 않고 이들을 x_1, x_2, x_3라 하자. 한편 y_1, y_2, y_3 중에 적어도 2개는 "좋은 집합"을 이룬다. 역시 일반성을 잃지 않고 이들을 y_1, y_2라 하면 두 점 A_1, A_2의 중점은 격자점이다. ■

예제 3-7

어느 국제회의에 1985명이 참가 하였는데 모든 사람은 많아야 5개 언어를 알고 있다. 한편 어느 세 사람이 모여도 그 중 적어도 2명은 같은 언어를 알고 있다. 그러면 참가자 중에 적어도 200명이 같은 언어를 알고 있음을 증명하라.

풀이 이런 형태의 문제는 어느 한 사람을 기준으로 생각하는 것이 좋다. 참가자들을 P_1, P_2, $\cdots$, P_{1985}로 나타내기로 하자. 만약 P_1이 나머지 1984명의 참가자 전원과 적어도 한 가지 언어씩을 동시에 알고 있다면 적어도 한 가지 언어는 200명 이상이 $(\because 1984/5 > 200)$ 알고 있게 되어 증명이 끝난다. 따라서 P_1이 참가자 중 적어도 1명과 동시에 아는 언어가 없다고 가정하자. 일반성을 잃지 않고 P_1, P_2가 동시에 아는 언어가 없다고 하자. 어느 세 사람이 모여도 적어도 2명은 동시에 아는 언어가 있으므로 P_3, $\cdots$, P_{1985} 각각은 P_1, P_2중 어느 한 사람과 동시에 아는 언어가 있다. 비둘기집 원리에 의해 P_1, P_2중 어느 한 사람은 992명과 동시에 아는 언어가 있다. $(\because 1983/2 > 991)$ 일반성을 잃지 않고 P_1이 992명과 동시에 아는 언어가 있다면 $992/5 > 198$ 이므로 P_1은 적어도 199명의 참가자와 동시에 아는 언어가 있다. 따라서 참가자 중 200명이 동시에 아는 언어가 있다. ■

이상의 예에서 보듯이 비둘기집 원리를 문제 풀이에 실제로 적용하려면 많은 생각이 필요하다. 다음의 예는 유명한 헝가리의 수학자 P. Erdős 와 A. Szekeres 가 처음 발견한 정리다.

예제 3-8

항의 개수가 n^2+1개인 실수의 수열 $a_1, a_2, \cdots, a_{n^2+1}$은 항의 수가 $n+1$인 증가하는 부분수열 또는 감소하는 부분수열을 반드시 가짐을 증명하여라.

풀이 만약 항의 수가 $n+1$인 증가하는 부분수열이 없다면 항의 수가 $n+1$인 감소하는 부분수열이 반드시 존재함을 보여 증명하기로 하자. 모든 $k=1, 2, \cdots, n^2+1$에 대하여 a_k에서 시작하는 증가부분수열 중에서 가장 긴 것의 항수를 m_k라 하자. 만약 항수가 $n+1$인 증가부분수열이 없다면 $1 \le m_k \le n \quad (k=1, 2, \cdots, n^2+1)$이다. 모두 n^2+1개의 m_k가 있는데 이들이 취할 수 있는 값은 1부터 n사이의 수 이므로 비둘기집 원리에 따라 m_k 중에는 서로 같은 값을 갖는 것이 $n+1$개 있다. 이들을 순서대로 $m_{k_1}, m_{k_2}, \cdots, m_{k_{n+1}}$라 하면 $m_{k_1}=m_{k_2}=\ldots=m_{k_{n+1}}$이고

$1 \le k_1 < k_2 < \cdots < k_{n+1} \le n^2+1$

이다. 이제 수열 $a_{k_1}, a_{k_2}, \cdots, a_{k_{n+1}}$가 감소 부분수열임을 보이자. 만약 감소수열이 아니라면, 즉 어떤 k_i, k_{i+1}에 대하여 $a_{k_i} < a_{k_{i+1}}$라면 $a_{k_{i+1}}$에서 시작하는 가장 긴 증가부분수열을 만들고 그 수열 앞에 a_{k_i}를 더하면 항수가 늘어난 증가부분수열이 되어 $m_{k_i} > m_{k_{i+1}}$가 되는데 이는 $m_{k_1}=m_{k_2}=\cdots=m_{k_{n+1}}$라는 조건에 어긋난다. 따라서 $a_{k_i} \ge a_{k_{i+1}}$이어야 한다. 그러므로 $a_{k_1}, a_{k_2}, \cdots, a_{k_{n+1}}$는 감소 부분수열이다.

■

연습문제 3.1

Exercises

1. 10명 이상이 같은 띠이기 위해 적어도 몇 명이 필요한가? 그 최소의 숫자를 구하여라.

2. 52개의 정수가 있으면 그중에 두 수의 합이나 차가 100으로 나누어 떨어지는 두 수가 존재함을 증명하라. 51개의 정수면 결론이 성립하지 않는 예를 들어라.

3. 100이하의 자연수 중 51개를 택할 때, 다음이 성립함을 증명하라.
   (1) 합이 101이 되는 두 수가 존재한다.
   (2) 합이 100이 되는 두 수가 반드시 존재하는 것은 아니다.
   (3) 서로 약수 또는 배수 관계에 있는 두 수가 존재한다.

4. k자릿수 $55\cdots 5\,(1 \le k \le 1985)$ 모양의 정수 중 적어도 하나는 1985의 배수임을 증명하여라.

5. 청, 적, 황, 백, 흑색 구슬이 각각 10개, 20개, 8개, 15개, 25개 들어 있는 주머니에서 꺼낸 구슬 중 같은 색이 12개 이상이기 위해서는 몇 개 이상을 꺼내야 하겠는가?

6. 어떤 운동선수는 매일 한 번 이상 연습하고 일주일에 12번 이하만 연습하여 12주간(84일) 계속한다고 한다. 이 선수가 연속적으로 며칠간 연습한 회수가 꼭 23이 되는 경우가 있음을 증명하라.

7. 한 변의 길이가 1인 정삼각형 내부에 몇 개의 점을 찍으면 두 점사이의 거리가 $\frac{1}{n}$ 이하가 되는 것이 반드시 존재하는가?

8. 한 변의 길이가 1인 정사각형 내부에 몇 개의 점을 찍으면(어느 3점도 한 직선 위에 없다.) 삼각형의 면적이 $\frac{1}{8}$을 넘지 않는 3점이 반드시 존재하나?

9. 원탁에 10명의 손님의 자리가 명찰과 함께 놓여 있다. 10명의 손님이 명찰을 확인하지 않고 아무렇게나 앉았는데, 제자리에 앉은 손님이 한 사람도 없었다. 이 때, 명찰이 놓인 원탁을 적당히 회전 시키면 적어도 2명의 손님이 제자리에 앉게 됨을 증명하라.

10. 20명이 파티에 모였다면 이 사람들 중에는 친구의 수가 같은 두 사람이 반드시 존재함을 보이시오.

11. 1부터 100 까지 정수 중에서 53 개의 수를 선택하면 그 중에는 두 수의 차가 12인 한 쌍의 수가 반드시 존재함을 보이시오. 그러나 두 수의 차가 11인 한 쌍의 수가 반드시 존재하지는 않음을 보이시오.

12. 6명의 사람을 임의로 선택하면 서로 아는 3사람, 또는 서로 모르는 3사람이 반드시 존재함을 보이시오. 5명의 사람을 선택하면 결론이 성립하지 않는 예를 찾으시오.

3.2 포함배제의 원리

2장에서 우리는 덧셈법칙을 이용하여 서로 소인 집합들의 합집합에 들어있는 원소의 개수를 구하였다. 그러나 두 집합이 서로 소가 아닌 경우 원소의 개수를 셈하려면 집합들을 서로 소가 되도록 작은 집합들로 나누어 셈해야 한다. 즉, 임의의 두 집합 A, B의 합집합에 들어있는 원소의 수를 구하려면 두 집합에 들어있는 원소들을 각각 셈하고 두 집합에 공통으로 들어있는 원소 들은 두 번 셈하였으므로 한번 빼준다. 따라서 다음공식을 얻는다. $|A \cup B| = |A| + |B| - |A \cap B|$. (집합 A에 있는 원소의 수를 $|A|$로 표시한다.)

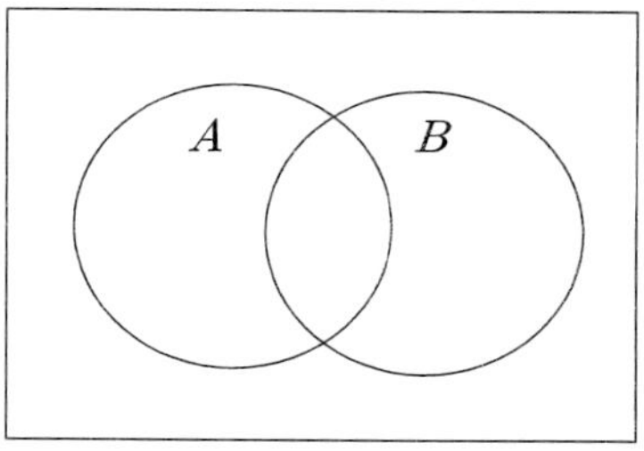

[그림 3-1]

예제 3-9

1,2,3,4,5,6,7,8,9 의 모든 순열 중에서 1로 시작하든지 9로 끝나는 순열의 개수를 구하여라.

풀이 A를 1로 시작하는 순열의 집합, B를 9로 끝나는 순열의 집합이라 하자. 구하는 순열의 개수는 집합 $A \cup B$ 에 들어있는 원소의 개수다. $|A| = 8!$, $|B| = 8!$, $|A \cap B| = 7!$ 이므로 $|A \cup B| = 2 \times 8! - 7!$.

■

이제 세 개의 집합 A, B, C를 생각하자. $A \cup B \cup C$에 들어있는 원소의 개수를 셈하려면 각 집합에 들어있는 원소의 수를 모두 더하고, 두 개의 집합에 공통으로 들어있는 원소의 개수 $|A \cap B|$, $|A \cap C|$, $|B \cap C|$를 뺀다. 그러면 하나 또는 두 개의 집합에 들어있는 원소는 단 한 번 셈해지지만 세 집합에 모두 포함된 원소는 처음에 세 번 더해지고 나중에 세 번 빼지므

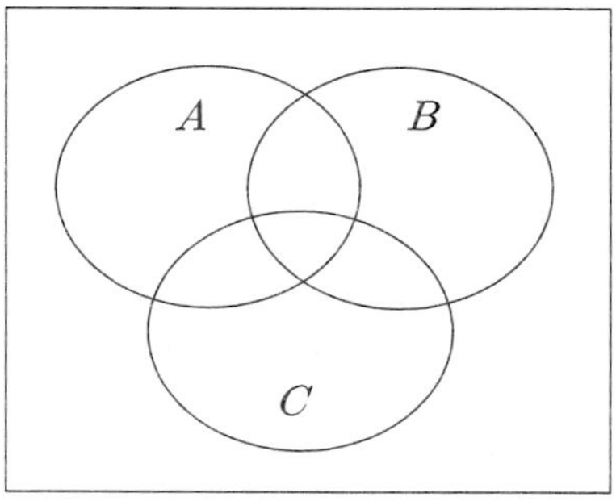

[그림 3-2]

로 셈에서 빠지게 된다. 따라서 $|A\cap B\cap C|$를 다시 한 번 더해주어야 한다. 즉 다음과 같은 공식을 얻는다.

$$|A\cup B\cup C| = (|A|+|B|+|C|) - (|A\cap B|+|A\cap C|+|B\cap C|) + (|A\cap B\cap C|)$$

예제 3-10

2개의 x, 4개의 y, 3개의 z로 이루어진 순열 중에서 같은 글자가 하나로 뭉쳐서 나타나지 않는 것의 개수를 구하여라.

풀이 2개의 x, 4개의 y, 3개의 z로 이루어진 모든 순열의 집합을 X라 하자. 여기서 같은 글자가 뭉쳐서 나타나는 순열을 모두 빼면 구하는 답이다. A를 2개의 x가 뭉쳐서 나오는 순열의 집합, B를 4개의 y가 뭉쳐서 나오는 순열의 집합, C를 3개의 z가 뭉쳐서 나오는 순열의 집합이라 하자. 위의 공식을 이용하기 위해 각 집합의 크기를 계산한다.

X는 모든 순열의 집합이므로 중복순열의 공식에서

$|X| = 9!/(2!4!3!) = 1260.$

$|A|$: 2개의 x를 하나의 글자 x'로 보면 x', 4개의 y, 3개의 z로 이루어진 모든 순열이므로 $|A| = 8!/(1!4!3!) = 280$, 비슷한 방법으로

$|B| = 6!/(2!1!3!) = 60$, $|C| = 7!/(2!4!1!) = 105.$

다음 단계로 두 집합에 공통으로 들어있는 순열을 생각한다.

$|A\cap B|$: 2개의 x를 하나의 글자 x'로 보고 4개의 y를 하나의 y'으로 보면 x, y가 뭉쳐서 나오는 순열의 개수이므로 $|A\cap B| = 5!/(1!1!3!) = 20$. 비슷한 방법으로

$|A\cap C| = 6!/(1!1!4!) = 30.$ $|B\cap C| = 4!/(2!1!1!) = 12$

마지막으로 x, y, z가 모두 뭉쳐서 나오는 순열의 개수는 $3! = 6$이므로

$|A\cup B\cup C| = (280+60+150) - (20+30+12) + 6 = 389.$

따라서 우리가 구하려는 순열의 수는 $|X| - |A\cup B\cup C| = 1260 - 389 = 871$ ■

지금까지 예에서 합집합의 크기는

(각 집합의 크기 합)−(두 개씩 교집합의 크기 합)+(세 집합의 교집합 크기)

와 같이 구하였다. 집합의 수가 늘어나도 비슷한 원칙이 성립할 것으로 예상할 수 있다.

다음 정리는 이런 예상이 옳다는 것을 보여준다. 먼저 식을 간단히 표현하기 위해 다음과 같이 기호를 정의하자.

$A_1, A_2, \cdots A_n$이 임의의 집합일 때

$$S_1 = |A_1| + |A_2| + \cdots + |A_n|$$

$$S_2 = |A_1 \cap A_2| + |A_1 \cap A_3| + |A_2 \cap A_3| + \cdots$$

$$S_3 = |A_1 \cap A_2 \cap A_3| + \cdots$$

$$\vdots$$

$$S_n = |A_1 \cap A_2 \cap \cdots \cap A_n|$$

즉 S_i는 i개의 집합에 공통으로 들어있는 원소의 개수를 모두 합한 것이다.

정리 3.3 포함배제의 원리(Inclusion–Exclusion Principle)

$A_1, A_2, \cdots A_n$이 임의의 집합일 때

$$|A_1 \cup A_2 \cup \cdots \cup A_n| = S_1 - S_2 + S_3 - \cdots + (-1)^{n-1} S_n$$

증명 $A_1 \cup A_2 \cup \cdots \cup A_n$에 속한 모든 원소는 식 $S_1 - S_2 + S_3 - \cdots + (-1)^{n-1} S_n$에 정확하게 한 번 셈해진다는 것을 보이자. 만약 원소 x가 집합 $A_1, A_2, \cdots A_n$중 정확하게 m개의 집합에 포함되었다고 하자. 그러면 원소 x는 S_1을 계산할 때 정확하게 $C(m,1)$번 셈하고 S_2를 계산할 때 정확하게 $C(m, 2)$번 셈한다. 일반적으로 S_i를 계산할 때 원소 x를 정확하게 $C(m, i)$번 셈하게 된다.(x를 포함하는 m개의 집합에서 i개의집합을 골라 교집합을 만드는 모든 경우의 수) 따라서 원소 x는 등식의 우변에 정확하게 $\binom{m}{1} - \binom{m}{2} + \cdots + (-1)^{m-1}\binom{m}{m}$ 번 셈해진다. 이항항등식에서 $1 - \binom{m}{1} + \binom{m}{2} - \cdots + (-1)^m \binom{m}{m} = 0$이므로

$$\binom{m}{1} - \binom{m}{2} + \cdots + (-1)^{m-1}\binom{m}{m} = 1$$

따라서 등식이 성립한다.

예제 3-11

52장의 카드에서 5장을 선택했을 때 각 무늬의 카드가 적어도 1장씩 포함될 가짓수를 구하여라.

풀이 5장 선택하는 모든 조합의 집합을 X라 하고 집합 A_1, A_2, A_3, A_4를 각각 스페이드, 하트, 다이아몬드, 클럽이 빠진 조합의 집합이라 하자. 그러면 $A_1 \cup A_2 \cup A_3 \cup A_4$는 우리가 구하는 집합의 여집합이다. 따라서 $|X| - |A_1 \cup A_2 \cup A_3 \cup A_4|$ 가 우리가 구하려는 조합의 개수다. 각 집합의 크기를 차례로 계산한다,

$|A_i| = \binom{39}{4}$ 이므로 $S_1 = 4\binom{39}{4}$

$|A_i \cap A_j| = \binom{26}{5}$ 이므로 $S_2 = \binom{4}{2}\binom{26}{5}$

$|A_i \cap A_j \cap A_k| = \binom{13}{5}$ 이므로 $S_3 = \binom{4}{3}\binom{13}{5}$

네 집합의 교집합은 공집합이므로 $S_4 = 0$

포함배제의 원리에서

$|A_1 \cup A_2 \cup A_3 \cup A_4| = 4\binom{39}{5} - 6\binom{26}{5} + 4\binom{13}{5}$

따라서 구하는 값은

$\binom{52}{5} - 4\binom{39}{5} + 6\binom{26}{5} - 4\binom{13}{5}$

예제 3-12

방정식 $x_1 + x_2 + x_3 + x_4 + x_5 + x_6 = 20$, $0 \le x_i \le 8$ 의 음이 아닌 정수해는 몇 개인가?

풀이 음이 아닌 모든 정수해의 집합을 X라 하자. 집합 $A_1, A_2, \cdots, A_6$를 각각 $x_i \ge 9$ 인 정수해의 집합이라 하자. 그러면 $A_1 \cup A_2 \cup \cdots \cup A_6$는 우리가 구하는 집합의 여집합이다. 따라서 $|X| - |A_1 \cup A_2 \cup \cdots \cup A_6|$ 가 우리가 구하려는 정수해의 개수다. 중복조합을 이용하여 다음과 같이 정수해의 개수를 구한다.

$|X| = H(6, 20) = \binom{20+6-1}{20} = \binom{25}{20}$

$|A_i| = H(6, (20-9)) = \binom{16}{11}$ 이므로 $S_1 = \binom{6}{1}\binom{16}{11}$

$|A_i \cap A_j| = H(6, (20-18)) = \binom{7}{2}$ 이므로 $S_2 = \binom{6}{2}\binom{7}{2}$

세 개 또는 그 이상 집합의 공통부분은 공집합이므로 $S_j = 0,\ j \geq 3$

포함배제의 원리에 따라 구하는 정수해의 개수는

$\binom{25}{20} - \binom{6}{1}\binom{16}{5} + \binom{6}{2}\binom{7}{2}$

■

예제 3-13

집합 $\{1, 2, \cdots, n\}$에서 집합 $\{1, 2, \cdots, k\}$로 가는 전사함수의 개수는 모두 $\sum_{j=0}^{k}(-1)^j\binom{k}{j}(k-j)^n$ 임을 증명하여라.

풀이 $\{1, 2, \cdots, n\}$에서 $\{1, 2, \cdots, k\}$로 가는 함수의 개수는 k^n이다. 모든 함수 중에 치역이 i를 포함하지 않는 것 전체를 집합 A_i라고 하자. 그러면 $k^n - |A_1 \cup A_2 \cup \cdots \cup A_k|$가 우리가 구하려는 전사함수의 개수다.

$|A_i| = (k-1)^n$ 이므로 $S_1 = \binom{k}{1}(k-1)^n$.

$|A_i \cap A_j| = (k-2)^n$ 이므로 $S_2 = \binom{k}{2}(k-2)^n$.

$\vdots$

$|A_1 \cap A_2 \cap \cdots \cap A_j| = (k-j)^n$ 이므로 $S_j = \binom{k}{j}(k-j)^n$

따라서 구하는 전사함수의 수는

$$\begin{aligned} k^n - |A_1 \cup A_2 \cup \cdots \cup A_k| &= k^n - \sum_{j=1}^{k}(-1)^{j-1}\binom{k}{j}(k-j)^n \\ &= \sum_{j=0}^{k}(-1)^j\binom{k}{j}(k-j)^n \end{aligned}$$

■

이렇게 구한 전사함수의 개수를 흔히 $T(n, k)$로 쓴다.

$$T(n, k) = \sum_{j=0}^{k}(-1)^j \binom{k}{j}(k-j)^n \tag{3-1}$$

포함배제의 원리를 이용하는 유명한 문제로 교란순열(derangement) 문제가 있다. 이 문제는 4장 점화식과 생성함수에서도 다룰 것이다.

예제 3-14

파티에 참석한 n명의 손님이 모두 모자 1개씩을 입구에 걸어두었으나 정전이 되어 손님들이 자신의 모자를 찾을 수가 없게 되었다. 모든 손에 잡히는 대로 모자 1개씩을 집어 들었다. 이때 아무도 자신의 모자를 잡지 못할 확률은 얼마인가?

풀이 이 문제는 1, 2, ⋯, n의 순열 중에서 모든 수가 원래 위치에 없는 순열의 수를 구하는 것과 같다. 이런 순열을 교란순열이라 하고 그 개수를 D_n으로 표시한다. 전체 순열의 개수가 $n!$이므로 우리가 구하는 확률은 $D_n/n!$이다. 포함배제의 원리를 써서 D_n을 구해보자. 모든 순열의 집합을 X라 하고 집합 A_i를 숫자 i가 i번 째 나온 순열의 집합이라 하자. 즉 i번 째 사람이 자신의 모자를 집은 경우다. 그러면 $A_1 \cup A_2 \cup \cdots \cup A_n$는 적어도 어느 한 사람이 자신의 모자를 집은 경우이므로 우리가 구하는 집합은 이것의 여집합이다. 따라서 $|X| - |A_1 \cup A_2 \cup \cdots \cup A_n|$가 우리가 구하려는 교란순열의 개수다.

$|A_i| = (n-1)!$이므로 $S_1 = \binom{n}{1}(n-1)!$

$|A_i \cap A_j| = (n-2)!$이므로 $S_2 = \binom{n}{2}(n-2)!$

⋮

$|A_1 \cap A_2 \cap \cdots \cap A_j| = (n-j)!$이므로 $S_j = \binom{n}{j}(n-j)!$

포함배제의 원리에서

$$
\begin{aligned}
D_n &= |X| - |A_1 \cup A_2 \cup \cdots \cup A_n| \\
&= n! - \binom{n}{1}(n-1)! + \binom{n}{2}(n-2)! + \cdots + (-1)^k \binom{n}{k}(n-k)! + \cdots + (-1)^n \binom{n}{n} 0! \\
&= \sum_{k=0}^{n} (-1)^k \binom{n}{k}(n-k)! \\
&= \sum_{k=0}^{n} (-1)^k \frac{n!}{k!(n-k)!}(n-k)! \\
&= n! \sum_{k=0}^{n} \frac{(-1)^k}{k!}
\end{aligned}
$$

따라서 구하는 확률은

$$\sum_{k=0}^{n} \frac{(-1)^k}{k!} = 1 - 1 + \frac{1}{2!} - \frac{1}{3!} + \cdots + \frac{(-1)^n}{n!} \tag{3-2}$$

이 수열은 멱급수 $e^x = \sum_{k=0}^{\infty} \frac{x^k}{k!}$ 에 $x = -1$을 대입한 급수의 처음 n항으로 근사적으로 $\frac{1}{e}$이다. 사실 지수함수의 멱급수 전개는 매우 빨리 수렴하기 때문에 $\frac{1}{e}$와 식 (3-2)의 차이는 $\frac{1}{n!}$보다 적다. 즉 n이 아주 작을 때를 제외하면 확률은 n의 값에 관계없이 $\frac{1}{e} \approx 0.367879 \cdots$이다. 이 사실은 우리의 직관과 어긋나게 보인다. 즉 10명의 손님이든 100만 명의 손님이든 모두 틀린 모자를 잡을 확률이 약 37% 로 예상보다 큰 값이다. D_n의 정확한 값은 급수계산을 하든가 4장에서 설명할 점화식을 이용하면 구할 수 있지만 모두 계산이 복잡하다. 따라서 교란순열의 수를 근사적으로 기억하자.

$$D_n = n! \sum_{k=0}^{n} \frac{(-1)^k}{k!} \approx \frac{n!}{e}. \tag{3-3}$$

■

연습문제 3.2 Exercises

1. n자리 자연수에서 1이나 2나 3 중에 적어도 어느 하나가 없는 수는 모두 몇 개인가?

2. n자리 자연수에서 1, 2, 3이 모두 나타나는 수는 모두 몇 개인가?

3. 한 학교에 100명의 학생이 있다. 학생들은 제2 외국어로 불어, 일본어, 독일어를 선택할 수 있는데 각각 40명의 학생이 선택하여 듣고 있다. 또한 불어만 선택한 학생이 20명, 일본어만 선택한 학생이 20명, 독일어만 선택한 학생이 15명, 불어와 일본어를 선택한 학생이 10명이다. 세가지 언어를 모두 선택한 학생은 몇 명인가? 제2 외국어를 전혀 듣지 않는 학생은 몇 명인가?

4. 알파벳 26개를 이용해서 길이 5인 단어를 만드는 데 모음으로 시작하거나 끝나는 단어의 개수는 얼마인가?

5. 동전을 8번 던질 때 앞면이 적어도 두 번 나타날 확률을 구하여라.

6. 윤년을 결정하는 기준은 다음과 같다.
(1) 4의 배수의 해는 윤년으로 정한다. (2)100의 배수의 해는 윤년이 아니다.
(3) 2에 의해 윤년이 아니라 해도 400의 배수의 해는 윤년이다.
1392년부터 2400년까지 윤년은 모두 몇 번인가?

7. 3자리 정수 중에 4, 5, 6으로 나누어지지 않는 수의 개수를 구하여라.

8. 1부터 280까지 자연수 중 280과 서로 소인 수의 개수는?

9. 다음과 같은 네 자리의 자연수의 개수를 구하여라.
(1) 0 또는 1을 포함하지 않는다.
(2) 0과 1중 적어도 한 숫자를 포함한다.

10. 20명의 사람을 3개의 서로 다른 방에 배치하는데 각 방에 적어도 한 사람이 있는 경우의 수는?

11. 다섯 쌍의 서로 다른 장갑이 다섯 명에게 두 개씩 임의로 주어질 때 어느 누구도 짝이 맞는 장갑을 갖지 못할 경우의 수는?

12. $x_1+x_2+x_3+x_4=25$, $x_1>x_4$의 음이 아닌 정수해의 개수를 구하여라.

13. n가지 종류의 문자가 두 벌, 즉 $2n$개 있는데 서로 이웃하는 문자가 같지 않게 나열하는 경우의 수는?

14. 25개의 동일한 공을 여섯 개의 다른 상자에 넣을 때 처음 세 상자에는 각각 많아야 여섯 개의 공이 들어갈 수 있다면 가능한 경우의 수는?

15. 방정식 $x_1+x_2+x_3+x_4=30$의 다음 조건을 만족하는 정수해의 개수를 구하여라.

(1) $0 \le x_i \le 10$, $i=1, 2, 3, 4$.

(2) $-10 \le x_i \le 20$, $i=1, 2, 3, 4$.

(3) $0 \le x_1 \le 5$, $0 \le x_2 \le 10$, $0 \le x_3 \le 15$, $0 \le x_4 \le 21$.

16. 아이가 네 가지 사탕 중에서 12개를 집는데 어떤 종류의 사탕도 정확히 두 개를 집어서는 안 된다. 가능한 경우의 수는?

17. 맨 앞에 0이 올 수 있는 네 자리 수 중에 정확히 두 번 같은 숫자가 나타나는 경우가 없는 수의 개수는?

18. 1부터 n까지 자연수를 나열하는데 $i\,(i=1, 2, \cdots, n-1)$ 바로 다음에 $i+1$이 나오지 않는 가능한 배열의 수는?

19. (1) 3쌍의 부부가 원탁에 앉는데 어느 부인도 자신의 남편과 인접하여 앉지 않도록 배열하는 방법의 수를 구하여라.

(2) 5쌍의 부부가 일렬로 서는데 어느 부인도 자신의 남편과 인접하지 않도록 배열하는 방법의 수를 구하라.

3.3 분배와 분할

개수 세는 문제들은 적당한 조건아래 물건을 분배하는 모델로 설명하는 것이 편리할 때가 있다. 나누어 주는 물건이 구별 되는가? 받는 사람(또는 상자)은 구별 되는가? 분배하는 물건에 제한은 있는가? 등의 조건에 따라 몇 가지 경우로 나누어 생각해보자.

■ 구별되는 것을 구별되는 것에 분배하는 경우

n개의 구별되는 물건을 k개의 구별되는 상자에 분배하는 모델은 함수관계로 설명할 수 있다. 아무런 제한이 없다면 모든 함수관계를 의미하는 것이고 한 상자에 두 개 이상의 물건을 분배할 수 없다면 단사함수(injection)다. 또한 빈 상자가 없도록 분배하는 것은 전사함수(surjection)를 의미한다.

정리 3.4

n개의 구별되는 물건을 k개의 구별되는 상자에 분배하는 경우,

(1) 아무런 제한이 없다면 분배하는 가짓수는 k^n이다.

(2) 한 상자에 두 개 이상의 물건이 분배되지 않도록 하는 가짓수는 $P(k, n)$이다.

(3) 빈 상자가 없도록 분배하는 가짓수는

$$T(n, k) = \sum_{j=0}^{k} (-1)^j \binom{k}{j} (k-j)^n$$

이다.

증명 (1) 각 물건마다 분배할 수 있는 상자가 k개 있으므로 곱셈법칙에 따라 모두 k^n 가지이고 모든 가능한 함수의 개수다.

(2) 첫 번째 물건을 분배할 수 있는 상자가 k개, 두 번째 물건을 분배할 수 있는 상자가 $k-1$개 … n번째 물건을 분배할 수 있는 상자가 $k-n+1$개 있으므로 가짓수는 $P(k,n)$이다.

(3) 전사함수의 수를 구하는 것과 같고 포함배제의 원리를 이용하여 예제 3-13에서 이미 보였다.

■ 동일한 것을 구별되는 것에 분배하는 경우

우리는 이미 2장에서 동일한 물건을 분배하는 방법의 수, 방정식의 정수해의 개수, 중복조합의 수를 구하는 것이 같은 문제라는 것을 이미 확인한 바 있다. 따라서 다음 정리가 성립한다.

정리 3.5

n개의 동일한 물건을 k개의 구별되는 상자에 분배할 때.

(1) 아무런 제한이 없다면 분배하는 가짓수는

$$H(k,\ n)=\binom{k-1+n}{n}\text{이다}$$

(2) 한 상자에 두 개 이상의 물건이 분배되지 않도록 하는 가짓수는

$$\binom{k}{n}\text{이다.}$$

(3) 빈 상자가 없도록 분배하는 가짓수는

$$H(k,\ n-k)=\binom{n-1}{k-1}\text{이다.}$$

예제 3-15

20개의 사탕을 6명의 어린이에게 나누어준다.

(1) 모든 어린이가 적어도 두 개의 사탕을 받게 되는 가짓수를 구하여라.

(2) 어떤 어린이도 사탕 9개 이상을 받지 않도록 나누어 주는 가짓수를 구하여라.

풀이 (1) 모든 어린이에게 두 개씩 사탕을 나누어 주고 남은 8개의 사탕을 6명의 어린이에게 제한 없이 나누어준다. 따라서 구하는 가짓수는

$$H(6,\ 8)=\binom{13}{8}$$

(2) 예제 3-12와 동일한 문제다. 구하는 수는

$$\binom{25}{20}-\binom{6}{1}\binom{16}{5}+\binom{6}{2}\binom{7}{2}.$$

■

■ 구별되는 것을 동일한 것에 분배하는 경우

n개의 물건을 k개의 동일한 상자에 분배하는 것은 물건을 k개의 그룹으로 분할한다는 것이다. 이런 분배는 조합론에 자주 등장하는 것으로 특별한 이름을 갖고 있다.

[정의] 스털링 수(Sterling numbers of the second kind)

음이 아닌 정수 n, k에 대하여 n개의 원소를 k개의 공집합이 아닌 부분집합으로 나누는 방법의 수를 제2종 스털링 수라고 하고 $S(n, k)$로 나타낸다.

$S(n, k)$는 $1 \le k \le n$ 인 정수에서만 정의된다. 그러나 $S(0, 0) = 1$로 정의한다. 예를 들어 $S(4, 2)$를 구해보자. 집합 $\{1, 2, 3, 4\}$을 2개의 부분집합으로 나누는 경우를 모두 구해보면:

$$\{1, 2\}\{3, 4\},\ \{1, 3\}\{2, 4\},\ \{1, 4\}\{2, 3\}$$

$$\{1, 2, 3\}\{4\},\ \{1, 2, 4\}\{3\},\ \{1, 3, 4\}\{2\},\ \{2, 3, 4\}\{1\}$$

따라서 $S(4, 2) = 7$.

스털링 수를 이용하면 구별되는 것을 동일한 것에 분배하는 경우를 다음과 같이 정리할 수 있다.

정리 3.6

n개의 구별되는 물건을 k개의 동일한 상자에 분배할 때.
(1)빈 상자가 없도록 분배하는 가짓수는 $S(n, k)$이다;
(2)아무런 제한이 없다면 분배하는 가짓수는 $\sum_{i=1}^{k} S(n, i)$이다.

증명 (1) 스털링 수의 정의다.
(2) n개의 원소를 k개의 부분집합으로 나누는 방법의 수이다. 공집합이 허용되므로 우리는 공집합이 아닌 부분집합이 1개, 2개, ⋯, k개 인 경우로 나누어 생각한다. 따라서 구하는 가짓수는 $\sum_{i=1}^{k} S(n, i)$이다.

스털링 수는 순열이나 조합의 수와 같이 간단히 구하는 공식이 없다. 그러나 전사함수의 개수와 스털링 수는 순열과 조합의 관계와 비슷한 관계를 갖는다. 우리는 예제 3-13에서 포함배제의 원리를 이용해서 전사함수의 개수 $T(n, k)$를 구하였다. 전사함수를 이용하여 스털링 수를 다음과 같이 구할 수 있다.

정리 3.7

$$S(n,\ k)=T(n,\ k)/k!=\frac{1}{k!}\sum_{j=0}^{k}(-1)^j\binom{k}{j}(k-j)^n$$

증명 집합 $\{1,\ 2,\ \cdots\ ,\ n\}$에서 집합 $\{1,\ 2,\ \cdots,\ k\}$로 가는 전사함수를 만들려면 우선 정의역에 있는 n개의 원소를 k개의 공집합이 아닌 부분집합으로 나누고 각 부분집합에 치역에 있는 원소를 1대 1 대응시킨다.(모두 $k!$ 가지) 따라서 $T(n,\ k)=S(n,\ k)k!$가 성립한다.

전사 함수의 수는 포함배제의 원리를 이용하여 구했기 때문에 복잡한 합으로 표현된다. 따라서 이 관계식으로부터 스털링 수를 구한다는 것은 매우 어려운 일이다. 그러나 스털링 수는 이항계수의 파스칼의 항등식과 비슷한 항등식을 만족한다. 다음 정리를 보자.

정리 3.8

$0<k<n$인 정수 $n,\ k$에 대하여

$$S(n,\ k)=S(n-1,\ k-1)+kS(n-1,\ k)$$

증명 n개의 원소를 k개의 부분집합으로 나누는 방법은 아래와 같이 두 가지로 나있다.

(1) n번 째 원소가 하나의 부분집합을 이루는 경우:
나머지 $n-1$개 원소를 $k-1$개 부분집합으로 나누면 k개의 부분집합이 생기므로 가짓수는 $S(n-1,\ k-1)$.

(2) n번 째 원소가 다른 원소와 함께 부분집합을 이루는 경우:
나머지 $n-1$개 원소를 k개 부분집합으로 나누고 n번 째 원소를 이들 집합 중 하나에 포함시키는 가짓수를 구하면 $kS(n-1,\ k)$.

그러므로 정리의 등식이 성립한다.

예제 3-16

(1) 6가지 장난감을 4개의 동일한 상자에 나누어 담는다. 빈 상자가 없도록 나누는 방법의 수를 구하여라.

(2) 6가지 장난감을 4명의 어린이에게 나누어 준다. 모든 어린이가 적어도 1개의 장난감을 갖도록 나누는 방법의 수를 구하여라.

풀이 (1) 6개의 원소를 4개의 공집합이 아닌 부분집합으로 나누는 가짓수 이므로 $S(6,4)$ 가지. 정리 3.8을 이용해서 값을 구해보면

$S(6,\ 4) = S(5,\ 3) + 4S(5,\ 4)$

$S(5,\ 3) = S(4,\ 2) + 3S(4,\ 3)$, $S(5,\ 4) = S(4,\ 3) + 4S(4,\ 4) = S(4,\ 3) + 4$

$S(4,\ 3) = S(3,\ 2) + 3S(3,\ 3) = S(3,\ 2) + 3$,

$S(4,\ 2) = S(3,\ 1) + 2S(3,\ 2) = 1 + 2S(3,\ 2)$

$S(3,\ 2) = S(2,\ 1) + 2S(2,\ 2) = 1 + 2 = 3$

차례로 계산하면

$S(4,\ 2) = 7$, $S(4,\ 3) = 6$, $S(5\ ,4) = 10$, $S(5,\ 3) = 25$

$S(6,\ 4) = 25 + 4 \cdot 10 = 65$

(2) 전사함수의 개수를 구하는 문제이므로 $S(6,\ 4)4! = 1560$

스털링 수를 위와 같이 계산하려면 많은 계산이 필요하다. 정리 3.8의 항등식은 이항계수에서 성립하는 파스칼의 항등식과 유사하여 파스칼의 삼각형 같은 표를 만들 수 있다. 이렇게 스털링 수 를 구해보면 아래와 같다.

$$
\begin{array}{ccccccccccc}
 & & & & & 1 & & & & & \\
 & & & & 1 & & 1 & & & & \\
 & & & 1 & & 3 & & 1 & & & \\
 & & 1 & & 7 & & 6 & & 1 & & \\
 & 1 & & 15 & & 25 & & 10 & & 1 & \\
1 & & 31 & & 90 & & 65 & & 15 & & 1
\end{array}
$$

$S(n,\ k)$

파스칼의 삼각형과 마찬가지로 행은 n에 대응하고 오른쪽에서 왼쪽으로 대각선으로 내려오는 열은 k에 대응한다.

사실 스털링 수는 분배문제를 위해 만들어진 것이 아니고 특정한 다항식의 계수로 정의된 것이다. 먼저 제 1종 스털링 수의 정의를 알아보자. 우리는 일반화된 이항계수를 정의하기 위해 떨어지는 계승(falling factorial)을 $(k)_n = k(k-1)\cdots(k-n+1)$와 같이 정의하였다.

이것은 k에 관한 n차 다항식이므로 다음과 같이 쓸 수 있다.

$$(k)_n = \sum_{j=1}^{n} s(n, j)k^j$$

이때 나타나는 계수 $s(n, j)$를 제 1종 스털링 수라 한다. 같은 형식으로 k대신 변수 x를 쓰면

$(x)_n = x(x-1)\cdots(x-n+1)$라 정의한다. 예를 들어

$$(x)_3 = x(x-1)(x-2) = x^3 - 3x^2 + 2x$$

이므로 $s(3,0) = 0, s(3,1) = 2, s(3,2) = -3, s(3,3) = 1$이다.

이제 문제를 거꾸로 보기로 하자. 즉 k^n을 k의 떨어지는 계승으로 표현하면 어떤 관계가 성립하는가? 이 때 나타나는 계수를 제 2종 스털링 수라 한다. 이렇게 정의한 스털링 수와 집합을 공집합이 아닌 부분집합으로 분할하는 가짓수로 정의한 것이 같다는 것이 다음 정리다.

정리 3.9

$$k^n = \sum_{j=0}^{k} S(n, j)(k)_j$$

증명 좌변은 원소 n개인 집합에서 원소 k개인 집합으로 가는 함수의 개수다. 우변도 같은 개수의 함수를 셈한 것임을 보인다. N이 원소 n개인 집합이고 J가 집합일 때 $f(N, J)$를 N에서 J로 가는 전사함수의 개수를 나타내기로 하자. K를 원소 k개인 집합이라고 하면 K의 모든 부분집합 J에 대해 $f(N, J)$를 더한 것이 k^n이다. 따라서

$$\begin{aligned} k^n &= \sum f(N,\ J) \\ &= \sum_{j=0}^{k} \binom{k}{j} f(N,\ J) \\ &= \sum_{j=0}^{k} \binom{k}{j} S(n,\ j) j! \\ &= \sum_{j=0}^{k} \frac{k!}{(k-j)!} S(n,\ j) \\ &= \sum_{j=0}^{k} S(n,\ j)(k)_j \end{aligned}$$

세 번째 등식은 전사함수의 개수와 스털링 수와 관계(정리 3.7)를 이용한 것이다.

위의 등식이 일반적인 변수에서도 성립함을 보일 수 있다. 따라서 다음의 정리가 성립한다.

정리 3.10

$$x^n = \sum_{j=0}^{n} S(n,\ j)(x)_j$$

예제 3-17

x^3을 떨어지는 계승으로 표현하여라.

풀이 정리를 이용하면

$$\begin{aligned} x^3 &= \sum_{j=0}^{3} S(3,\ j)(x)_j \\ &= S(3,\ 0)(x)_0 + S(3,\ 1)(x)_1 + S(3,\ 2)(x)_2 + S(3,\ 3)(x)_3 \\ &= 0 + 1(x)_1 + 3(x)_2 + 1(x)_3 \\ &= x + 3x(x-1) + x(x-1)(x-2) \end{aligned}$$

■

■ 동일한 것을 동일한 것에 분배하는 경우

예를 들어 10개의 사탕을 3개의 구별할 수 없는 접시에 나누어 담는 가짓수를 구하는 문제를 생각해보자. 이 문제는 합하면 10이 되는 3개의 숫자들을 찾는 것과 같다. 숫자의 순서는 중요하지 않고 같은 숫자가 반복하여 나올 수 있으니 우리가 찾는 것은 다중집합이다. 이런 개념을 우리는 분할이란 용어로 설명하려한다.

[정의] 정수의 분할(Partition of an Integer)

자연수 n의 분할은 그 합이 n이 되는 자연수의 모임이다. 보통 그 모임을 자연수의 합으로 표시하고 큰 수부터 쓰기로 한다. 또한 분할의 개수를 $p(n)$로 표시하고 분할 수라고 한다.

예를 들어 자연수 4의 분할은 4, $3+1$, $2+2$, $2+1+1$, $1+1+1+1$ 등 5가지가 있다. 즉 $p(4)=5$. 분할에 나타나는 각각의 정수를 분할원소라 한다. 위의 예에서 4의 분할에는 분할원소가 1개인 분할이 1개, 분할원소가 2개인 분할이 2개, 분할원소가 3개인 분할이 1개, 분할원소가 4개인 분할이 1개 있다. 일반적인 분할이론은 4장 생성함수를 이용하여 설명하고 여기서는 분배문제를 위해 제한된 분할이론을 다룬다. 자연수 n의 분할 중에 분할 원소가 k개인 것의 개수를 $p(n,k)$로 쓰자.(순열의 수와 혼동할 우려가 있으나 문장에 따라 그 뜻이 명백하다) 다음 정리는 $p(n,k)$의 값이 조합의 수나 스털링 수에서 성립하는 것과 비슷한 점화적(recursive) 관계가 있다는 것을 보여준다. 우리는 이 정리를 이용해서 제한된 범위에서 $p(n,k)$의 값을 구할 수 있다.

정리 3.11

$$\sum_{i=1}^{k} p(n,\, i) = p(n+k,\, k)$$

증명 등식의 좌변은 자연수 n의 분할 중에 분할 원소가 k개 이하인 것의 개수다. 만약 분할 원소가 i개인 n의 분할이 있으면 이것과 자연수 $n+k$를 분할원소 k개로 분할한 것 사이에 1대1 대응이 있음을 보인다. P를 분할원소가 i개인 n의 분할이라 하자. P의 분할원소에 각각 1씩 더해주고 $(k-i)$개의 1을 분할원소로 추가한 것을 P^*라면 P^*는 $n+k$를 분할원소 k개로 분할한 것이다. P^*에서 P를 만드는 역과정도 같은 방법으로 성립함을 보일 수 있다.

위 식을 $n+k=m$ 로 치환하면 다음과 같은 따름정리를 얻는다.

따름정리 3.12

$$p(m,\, k) = \sum_{i=1}^{k} p(m-k,\, i)$$

명백히 $p(n,1)=p(n,n)=1$이므로 따름정리를 이용하면 다음과 같은 표를 얻는다.

〈표 3-1〉 $p(n,\, k)$

	$k=1$	$k=2$	$k=3$	$k=4$	$k=5$	$k=6$	$k=7$
$n=1$	1	0	0	0	0	0	0
$n=2$	1	1	0	0	0	0	0
$n=3$	1	1	1	0	0	0	0
$n=4$	1	2	1	1	0	0	0
$n=5$	1	2	2	1	1	0	0
$n=6$	1	3	3	2	1	1	0
$n=7$	1	3	4	3	2	1	1

$p(n,k)$를 직접 계산하는 알려진 공식은 없다. 특히 $p(n)$은 여러 수학분야에 관련된 중요한 함수로서 공식을 얻기 위해 많은 수학자 들이 노력했지만 아직도 완성된 공식은 없다.(물론 컴퓨터를 이용하면 우리가 원하는 값을 구할 수는 있다.) 우리는 4장에서 생성함수를 이용하여 $p(n)$의 성질을 알아볼 것이다.

지금까지 논의해온 분배 문제들을 요약하면 아래 <표 3-2>와 같다. 모두 n개의 공을 k개의 상자에 분배하는 문제로 생각한다.

〈표 3-2〉

	제한 없는 분배	**빈 상자 없는 분배**
n개의 공 구별가능 k개의 상자 구별가능	k^n	$T(n,\, k)$
n개의 동일한 공 k개의 상자 구별가능	$\binom{n+k-1}{k-1}$	$\binom{n-1}{k-1}$
n개의 공 구별가능 k개의 동일한 상자	$\sum_{i=1}^{k} S(n,\, i)$	$S(n,\, k)$
n개의 동일한 공 k개의 동일한 상자	$\sum_{i=1}^{k} p(n,\, i)$	$p(n,\, k)$

연습문제 3.3 Exercises

1. 10개의 사탕을 4명의 어린이에게 나누어주는 방법은 몇 가지 있는가?

2. 장난감 18개를 6명의 어린이가 최소 1개는 받도록 분배하는 방법의 수를 구하라.
(1) 장난감이 모두 같은 것일 때
(2) 장난감이 서로 다른 것일 때

3. 5명의 아이들에게 서로 다른 인형 20개를 나누어주려고 한다.
(1) 제한이 없을 경우 몇 가지 방법이 있는가?
(2) 2명의 아이들에게 인형 7개씩 주고, 3명의 아이들에게 인형 2개씩을 주었을 때의 나누어 주는 방법의 수는?
(3) 아이들이 4개씩의 인형을 갖는 방법의 수는?

4. 12개의 동일한 모양의 상자를 빨간색, 노란색, 파랑색으로 칠한다.
(1) 각 색깔을 적어도 한 번 칠하는 방법의 수를 구하여라.
(2) 각 색깔을 적어도 세 번 칠하는 방법의 수를 구하여라.

5. 산타클로스가 서로 다른 3개의 인형과 9개의 사탕을 4명의 아이들에게 선물로 나누어 주는 방법의 수를 구하시오.
(1) 아무런 제한이 없다.
(2) 어떤 어린이도 인형을 2개 이상 받을 수 없다.
(3) 모든 어린이가 선물 3개를 받는다.

6. 18개의 초코 도넛, 12개의 시나몬 도넛, 14개의 파우더 도넛이 있다. 4명의 학생들에게 이를 나누어 주려고 한다. 몇 가지 방법이 있겠는가?
(모든 학생들에게 각각의 도넛을 적어도 2개씩은 배분한다.)

7. 제과점에서 8가지 맛의 파이를 팔고 있다. 파이 한 상자에 15개의 파이가 들어간다면 파이 한 상자를 사는 방법은 얼마인가?

8. 길이 n인 2진 수열의 집합을 B_n이라 하자.
(1) B_2에서 B_3로 가는 단사함수의 개수를 구하여라.
(2) B_4에서 B_2로 가는 전사함수의 개수를 구하여라.

9. 집합 $\{a, b, c, d, e, f, g, h, i\}$을 부분집합들로 분할한다.

(1) 공집합이 아닌 3개의 부분집합으로 분할하는 가짓수를 구하여라.

(2) 원소 3개씩 갖는 3개의 부분집합으로 분할하는 가짓수를 구하여라.

10. n개의 동일한 장난감을 k명의 어린이에게 나누어준다. 정확하게 j명의 어린이가 장난감을 분배받지 못한 가짓수를 구하여라.

11. 25권의 서로 다른 책을 선반 5개 있는 책장에 정리하는 방법의 수를 구하여라.

12. 5개의 사과, 6개의 오렌지, 6개의 배, 4개의 파인애플을 3명의 사람에게 아래 조건에 맞게 나누어 주는 방법의 수를 구하여라.

(1) 아무런 제한이 없다.

(2) 각각의 사람이 적어도 1개의 배를 가져야 한다.

13. 스털링 수에 대한 다음 문제에 답하여라.

(1) $S(n, 3)$를 간단한 식으로 표현하는 공식을 구하여라.

(2) 모든 양의 짝수 n에 대하여 $S(n, 3)$가 3의 배수임을 보여라.

14. 다음 등식을 증명하여라.

(1) $S(n, n-1) = C(n, 2)$

(2) $S(n, n-2) = C(n, 3) + 3C(n, 4)$

15. 조합론 강의를 듣는 40명의 학생을 작은 그룹으로 나누어 연습시간을 갖기로 하였다. 5명씩 4개 조는 조교가 담당하고 10명씩 2개 조는 교수가 담당하기로 하였다. 학생을 그룹으로 나누는 방법은 모두 몇 가지나 되는가?

16. 다음 두 가지 게임에서 이길 확률을 각각 구하여라.

(1)주사위 6개를 던져서 적어도 1이 하나 나오면 이기는 게임

(2)주사위 12개를 던져서 적어도 1이 두 개 나오면 이기는 게임

17. 2개의 a와 2개의 b, 그리고 8개의 c가 있다. a와 b의 양쪽에 c가 붙어있도록 나열하는 방법은 몇 가지 있는가?

제 4 장 점화식과 생성함수

지금까지 우리가 이용한 개수 세는 방법은 모두 조건에 맞는 경우의 수를 직접 헤아려 구하는 것이었다. 그러나 조합론 문제 중에는 직접 경우의 수를 구하기 어려운 것이 많다. 이런 문제를 해결하는 가장 중요한 방법 중에 하나가 점화식이다. 일반적으로 점화식(recurrence relation)은 컴퓨터에서 수열을 귀납적으로 정의하는 방식을 의미하지만 여기서는 n개의 대상물이 있는 개수 세는 문제를 $n-1$개 이하의 대상물이 있는 경우의 수를 이용하여 간접적으로 세는 방법을 말한다. 기본적으로 컴퓨터가 계산하는 방식은 모두 점화적(recursive)이므로 점화식으로 표현된 개수 세는 공식은 컴퓨터를 이용하여 쉽게 계산할 수 있다. 그러나 우리는 점화식으로 주어진 문제의 일반적인 해를 구하는 방법을 알아볼 것이다

4.1 수열과 점화식

[정의] 점화식(Recurrence Relations)

수열 $A=(a_0, a_1, a_2, \cdots, a_n, \cdots)$의 점화식은 일반항 a_n을 $a_0, a_1, a_2, \cdots, a_{n-1}$의 식으로 표현한 것이다.

이 관계식에서 일반항의 값을 구하려면 처음 몇 항의 값을 알아야하는데 이것을 초기 조건이라 한다. 예를 들어 공차가 d인 등차수열의 $\{a_n\}$의 점화식은 $a_n = a_{n-1}+d$이고

공비가 r인 등비수열 $\{b_n\}$의 점화식은 $b_n = rb_{n-1}$이다. 두 점화식 모두 수열의 첫 항 a_0의 값을 알면 나머지 항의 값을 구할 수 있다. 모든 점화식의 일반항을 대수적으로 구하는 방법은 없지만 주어진 문제의 점화식과 초기조건을 구할 수 있다면 컴퓨터를 이용하여 우리가 원하는 항의 값을 구할 수 있다. 따라서 점화식의 일반해를 구하는 것도 중요하지만 주어진 문제를 점화식으로 표현하는 것이 더 중요하다. 이 절에서는 다양한 예제를 통해 점화식 구하는 방법을 익히기로 한다.

예제 4-1

평면에 n개의 직선을 그린다. 임의의 두 직선은 서로 교차하고 어떤 세 직선도 한 점에서 만나지 않는다면 평면은 모두 몇 개의 영역으로 나뉘는가?

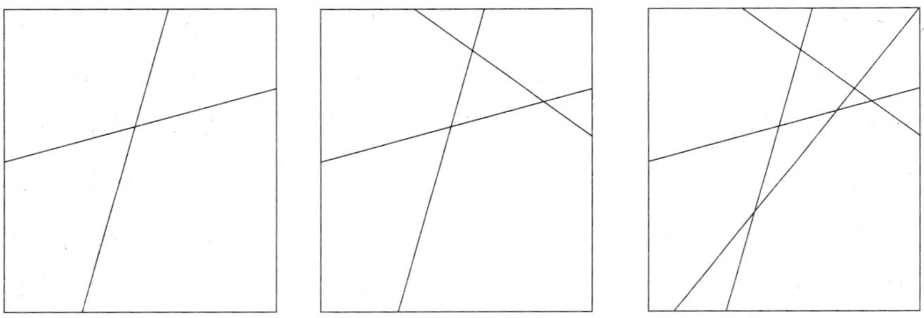

[그림 4-1]

풀이 먼저 적은 수의 직선이 있는 경우를 따져서 일반적인 원칙을 알아내도록 하자. n개의 직선으로 만들어지는 영역의 수를 a_n이라고 하면 $a_1 = 2$, $a_2 = 4$이다. 이제 직선 3개가 동시에 교차하지 않도록 평면에 그려보면 7개의 영역이 생기는 것을 확인할 수 있다. 즉 3개의 영역이 새로 생긴다. 여기서 일반적인 원칙을 찾아보자. 3번째 직선은 이미 그려진 2개의 직선과 모두 1번씩 만난다. 3번째 직선이 교점을 만들 때마다 새로운 영역이 생기고 마지막 교점을 지나면서 영역을 2개로 나누므로 3개의 영역이 새로 생긴다. 일반적으로 직선이 $n-1$개의 직선과 교차하면 n개의 영역이 새로 생긴다는 것을 알 수 있다. 따라서 구하는 점화식은 $a_n = a_{n-1} + n$, $a_1 = 1$이다. 이 식을 이용하여 a_4를 구해보면 $a_4 = a_3 + 4 = 7 + 4 = 11$이고 평면에 그림을 그려서 확인할 수 있다.(그림 4-1) 차례로 a_i의 값을 구하면 일반적으로

$a_n = 2 + 2 + 3 + 4 + \cdots + n = 1 + n(n+1)/2$

■

예제 4-2

피보나치 수

13세기 이탈리아 수학자 피보나치가 처음 제기한 다음 문제를 보자. 암수 한 쌍의 어린 토끼가 있다. 2달이 지나면 암컷 토끼는 매달 암수 1쌍의 새끼를 낳는데 새로 난 어린 토끼도 2달이 지나면 역시 어미와 마찬가지로 매달 암수 한 쌍의 새끼를 낳는다고 한다. 한 쌍의 어린 토끼로 시작하면 1년 뒤에 토끼가 모두 몇 쌍이나 되는가? (태어난 토끼는 모두 죽지 않는다고 가정한다.)

풀이 n번 째 달의 시작 일에 있는 토끼 쌍의 수를 a_n이라 하면 우리가 원하는 것은 a_{13}의 값이고 분명히 $a_1 = 1$, $a_2 = 1$이다. 2달 뒤 1쌍의 새끼가 태어나므로 $a_3 = 2$다. 3달 뒤 1쌍의 어미토끼는 1쌍의 새끼를 낳지만 지난달에 태어난 토끼는 아직 새끼를 낳지 못하므로 $a_4 = 4$이다. 이와 같은 방법으로 차례로 a_n의 값을 구하려다 보면 새끼를 낳을 수 있는 토끼와 새끼를 낳을 수 없는 토끼의 수를 구분해야 하므로 따지기가 복잡하다. 문제를 이렇게 생각해보자. n번 째 달의 시작 일에 있는 a_n쌍의 토끼는 모두 2달 뒤 1쌍의 새끼를 낳는다. 역으로 n번 째 달의 시작 일에 있는 a_n쌍의 토끼 중 새로 태어난 새끼 토끼의 수는 a_{n-2}이다. 원래 있던 토끼의 수(a_{n-1})와 새로 태어난 새끼의 수를 더한 것이 전체 토끼의 수이므로 점화식 $a_n = a_{n-1} + a_{n-2}$을 얻는다. 이 식에 초기조건 $a_1 = 1$, $a_2 = 1$ 을 이용하여 차례로 a_n의 값을 구하면 1, 1, 2, 3, 5, 8, 13, 21, …, $a_{13} = 233$을 얻는다.

점화식 $a_n = a_{n-1} + a_{n-2}$을 피보나치관계(Fibonacci Relation)라 부르고 이 관계식에 적당한 초기조건을 주어 얻은 수열을 모두 피보나치 수라 부른다. 이 피보나치 수와 피보나치 관계는 조합수학의 여러 문제에 나타나며 다양한 응용이 가능하다.

예제 4-3

볼록 $n+1$각형을 서로 만나지 않는 대각선을 그어 삼각형으로 분할하는 가짓수를 구하는 점화식을 구하여라.

풀이 구하는 수를 a_n이라 하자. $a_2 = 1$, $a_3 = 2$임을 쉽게 확인할 수 있다. 편의상 $a_1 = 1$

이라 놓는다. 먼저 볼록 $n+1$각형 R의 한 변을 고정시켜 "밑변"이라 하자. 그러면 R의 어떠한 삼각분할에도 이 밑변을 한 변으로 하는 삼각형 T가 있다. 이 삼각형은 R을 두 개의 볼록다각형 R_1, R_2로 나눈다.(편의상 T의 왼쪽 도형을 R_1, 오른쪽 도형을 R_2라 생각해도 좋다.) R_1의 변의 개수를 $k+1$이라 하면 R_2의 변의 개수는 $n-k+1$이다. R_1, R_2을 각각 삼각분할하면 R의 삼각분할이 되는데 밑변은 고정되었고 R_1의 모양은 k에 의해 결정되므로 모든 $k(1 \le k \le n-1)$에 대해 서로 다른 삼각분할을 얻는다. 따라서 모든 가능한 삼각분할은

$$a_n = a_1a_{n-1} + a_2a_{n-2} + \cdots + a_ka_{n-k} + \cdots + a_{n-1}a_1$$
$$= \sum_{k=1}^{n-1} a_ka_{n-k}$$

이 점화식의 풀이는 4.5절에서 자세히 보일 것이다.

예제 4-4

길이 n인 2진 수열 중에서 다음 조건을 만족하는 것의 개수를 구하는 점화식을 구하여라.

(1) 0이 연속해서 나오지 않는 수열

(2) 0이 세 번 연속해서 나오지 않는 수열

풀이 (1) 0이 연속해서 나오지 않는 길이 n의 2진 수열의 개수를 a_n이라 하자. 수열의 첫 번째 수가 1인 경우, 나머지 $n-1$자리에 0이 연속하여 나오지 않는 2진 수열을 채우는 가짓수가 a_{n-1}이다. 첫 번째 자리가 0인 경우, 두 번째 자리에는 반드시 1이 나와야 하고 그 뒤 $n-2$ 자리에는 0이 연속하여 나오지 않는 2진 수열을 채우는 가짓수가 a_{n-2}이므로 구하는 점화식은

$$a_n = a_{n-1} + a_{n-2}, \quad a_0 = 1, \ a_1 = 2$$

(2) 0이 3번 연속해서 나오지 않는 길이 n의 2진 수열의 개수를 b_n이라 하자. 문제 (1)의 풀이 방법과 같은 식으로 1로 시작하는 수열의 개수는 b_{n-1}가지, 01로 시작하는 수열의 개수는 b_{n-2}개, 001로 시작하는 수열의 개수는 b_{n-3}이므로 구하는 점화식은

$$b_n = b_{n-1} + b_{n-2} + b_{n-3}, \ b_0 = 1, \ b_1 = 2, \ b_2 = 4$$

예제 4-5

길이 n인 3진 수열 중에서 0과 1이 각각 짝수 번 나오는 것의 개수를 구하는 점화식을 구하여라.

풀이 작은 n에 대해 수열을 만들어 보면 점화식을 구하기가 쉽지 않다는 것을 알게 될 것이다. 이 문제는 연립점화식의 방법을 써야한다. 구하는 3진 수열의 개수를 a_n이라 하고, 0이 짝수 개 1이 홀수 개 나오는 수열의 개수를 b_n이라 하자. 또한 0이 홀수 개 1이 짝수 개 나오는 수열의 개수를 c_n이라 하자. 전체 수열의 개수는 3^n 이므로 $3^n - a_n - b_n - c_n$은 0과 1이 각각 홀수 개 나오는 수열의 개수다. 0과 1이 각각 짝수 개 나오는 수열의 첫 자리가 0이면 나머지 $n-1$ 자리를 채우는 수열의 개수는b_{n-1}가지, 첫 자리가 1이면 나머지 $n-1$ 자리를 채우는 수열의 개수는 c_{n-1}가지, 첫 자리가 2이면 나머지 $n-1$ 자리를 채우는 수열의 개수는 a_{n-1}가지다. 따라서

$a_n = b_{n-1} + c_{n-1} + a_{n-1}$

같은 방법으로

$b_n = a_{n-1} + (3^{n-1} - a_{n-1} - b_{n-1} - c_{n-1}) + b_{n-1} = 3^{n-1} - c_{n-1}$

$c_n = a_{n-1} + (3^{n-1} - a_{n-1} - b_{n-1} - c_{n-1}) + c_{n-1} = 3^{n-1} - b_{n-1}$

$a_1 = b_1 = c_1 = 1$

■

예제 4-6

교란순열(예제 3-14)의 수 D_n에 대한 다음 문제에 답하라.

(1) D_n이 점화식 $D_n = (n-1)(D_{n-1} + D_{n-2})$을 만족함을 증명하라.

(2) (1)로부터 점화식 $D_n = nD_{n-1} + (-1)^n$을 구하여라.

풀이 (1) $\{1, 2, 3, \cdots, n\}$의 순열 중에 모든 수가 원래 위치에 없는 순열의 수를 구하는 것이므로 다음과 같이 이런 순열을 두 가지로 나눈다.

1은 첫 번째 자리에 올 수 없으므로 나머지 $n-1$자리 중에 있다. 그 위치를 k라고 하자. 이제 k가 있는 위치에 따라 전체 순열을 나눈다.

i) k가 첫 번째 자리에 있는 경우

1과 k가 서로 자리를 바꾼 것이므로 나머지 $n-2$개의 수는 모두 제 자리에

없어야 한다. 이렇게 배열하는 가짓수는 D_{n-2}이다.

ii) k가 첫 번째 자리에 없는 경우

k가 첫 번째 자리에 갈 수 없다고 생각하는 것과 마찬가지다.(첫 번째 자리를 k의 원래 자리라 생각해도 좋다) 1과 k를 제외한 나머지 수는 제자리에 올 수 없고 k도 첫 번째 자리에 올 수 없으므로 결국 $n-1$개의 수가 제자리에 없는 순열이 되고 그 가짓수는 D_{n-1}이다. 1이 갈 수 있는 k의 선택이 $n-1$ 가지므로 점화식이 성립한다.

(2) $D_n = (n-1)(D_{n-1} + D_{n-2})$ 에서

$D_n - nD_{n-1} = -\{D_{n-1} - (n-1)D_{n-2}\}$ 이므로

$D_{n-1} - (n-1)D_{n-2} = -\{D_{n-2} - (n-2)D_{n-3}\}$

이런 과정을 되풀이하면

$$
\begin{aligned}
D_n - nD_{n-1} &= \{D_{n-1} - (n-1)D_{n-2}\} \\
&= (-1)^2\{D_{n-2} - (n-2)D_{n-3}\} \\
&= (-1)^3\{D_{n-3} - (n-3)D_{n-4}\} \\
&= \cdots \\
&= (-1)^{n-2}(D_2 - 2D_1)
\end{aligned}
$$

$D_2 = 1,\ D_1 = 0$ 이므로 대입하면

$D_n = nD_{n-1} + (-1)^n$

■

연습문제 4.1

Exercises

1. 계단을 오르는데 한 번에 한 계단이나 두 계단을 오를 수 있다. n개의 계단을 오르는 서로 다른 방법의 수 a_n의 점화식을 구하여라. 계단이 6개라면 이때의 방법의 수는?

2. 5개의 상자에 n개의 서로 다른 물건을 분배하는 방법의 수에 대한 점화식을 구하여라.

3. n자리 2진 수열 중에서 1이 연속으로 나타나지 않는 수열의 수 a_n에 대한 점화식을 구하여라. n자리 3진 수열의 경우는 어떻게 되는가?

4. 다음 이항계수들의 합 s_n이 피보나치 관계를 만족함을 증명하라.

$$s_n = \binom{n+1}{0} + \binom{n}{1} + \binom{n-1}{2} + \cdots$$

5. 동전을 던지는데 앞면이 두 번 나올 때까지(연속해서 두 번 나올 필요는 없다.)던지고 실험을 그만 둔다. n번째나 그 이전에 실험이 끝나는 경우의 수에 대한 점화식을 구하여라.

6. $2 \times n$판을 n개의 도미노(1×2판이나 2×1판)로 덮을 수 있는 경우의 수에 관한 점화식을 구하여라.

7. $\{1,2,\ldots,n\}$에서 k개의 수를 선택한다. 연속된 두 수가 뽑히지 않는 경우의 수를 $a_{n,k}$라 할 때 이것의 점화식을 구하여라.

8. (1) 평면에 n개의 직선이 있는데 그중 k개는 평행하고 나머지 $n-k$개는 모든 다른 직선과 만난다. 단, 세 직선은 한 점에서 만나지 않는다. n개의 직선으로 만들어지는 영역의 개수에 대한 점화식을 구하여라.

(2) $n=9$, $k=3$일 때 영역의 개수를 구하여라.

9. n가지 종류의 충분히 많은 물건 중에서 중복을 허용하여 k개를 뽑는 경우의 수에 대한 점화식을 구하여라.

10. n자리 4진 수열(0, 1, 2, 3으로 이루어진)중에서 다음을 만족하는 경우의 수에 대한 점화식을 구하여라.

(1) 0이 짝수 개

(2) 0의 개수와 1의 개수의 합이 짝수

(3) 0이 짝수 개이고 1이 짝수 개

11. n자리 2진 수열에서 “00”이 적어도 한 번 나타나는 경우의 수에 대한 점화식을 구하여라.

12. $2n$명의 테니스 선수를 n개의 복식조로 나누는 방법의 수를 구하는 점화식을 찾으시오.

13. n자리 3진 수열 중 “012”가 맨 끝에 처음으로 나타나는 경우의 수에 대한 점화식을 구하라.

14. F_n이 피보나치 수일 때, 즉 $F_i = F_{i-1} + F_{i-2}$, $F_0 = F_1 = 1$을 만족 한다면 다음 등식이 성립함을 증명하라.

(1) $\sum_{i=0}^{n} F_i = F_{n+2} - 1$

(2) $\sum_{i=0}^{n} F_i^2 = F_n F_{n+1}$

(3) $\sum_{k=0}^{n} F_{2k} = F_{2n+1}$

(4) $F_n F_{n+2} - F_{n+1}^2 = (-1)^n$

(5) $\sum_{k=0}^{2n} (-1)^k F_k = F_{2n-1}$

(6) $F_m F_n + F_{m-1} F_{n-1} = F_{n+m}$

4.2 선형점화식의 해법

선형점화식의 경우 일반해를 구하는 방법이 잘 알려져 있다. 이 절에서는 이것을 알아보기로 한다.

[정의] 선형점화식

c_i는 모두 상수 ($c_r \neq 0$), $g(n)$은 n에 관한 함수일 때

$$a_n = c_1 a_{n-1} + c_2 a_{n-2} + \cdots + c_r a_{n-r} + g(n)$$

과 같은 형식의 점화식을 선형점화식이라 한다.
$g(n) = 0$인 경우를 선형동차점화식(homogeneous linear recurrence)
$g(n) \neq 0$인 경우를 선형비동차점화식(nonhomogeneous linear recurrence)
이라 하고 r을 이 점화식의 차수(order)라 한다.

r차 선형점화식이 해를 갖으려면 r개의 초기조건(보통 처음 r개의 값인 $a_0, a_1, a_2, \cdots, a_{r-1}$)이 필요하다는 것은 당연하다. 역으로 r개의 초기조건이 주어지면 항상 유일한 해를 갖게 됨을 보일 수 있다. 먼저 선형동차점화식의 해법을 알아보자.

차수 r인 선형동차점화식

$$a_n = c_1 a_{n-1} + c_2 a_{n-2} + \cdots + c_r a_{n-r} \tag{4-1}$$

이 주어졌다고 하자. 이 점화식의 해 중에 $a_n = \alpha^n$(α는 상수) 꼴이 있는지 알아보자. 식 (4-1)의 a_k 대신 α^k을 대입하면,

$$\alpha^n = c_1\alpha^{n-1} + c_2\alpha^{n-2} + \cdots + c_r\alpha^{n-r}$$

양변을 α^{n-r}으로 나누면,

$$\alpha^r = c_1\alpha^{r-1} + c_2\alpha^{r-2} + \cdots + c_r$$

또는, 방정식의 형태로

$$x^r - c_1 x^{r-1} - c_2 x^{r-2} - \cdots - c_r = 0. \tag{4-2}$$

를 얻는다. 방정식 (4-2)를 점화식(4-1)의 특성방정식(characteristic equation)이라 한다. 이 방정식은 r차 방정식이므로(점화식의 차수도 r임에 주목하자) r개의 근을 갖는다. 또한 $c_r \neq 0$ 이므로 모든 근은 0이 아니다. 만약 $\alpha_1, \alpha_2, \cdots, \alpha_r$이 방정식의 근이라면 모

든 i에 대해 $a_n = \alpha_i^n$은 점화식의 해가 된다. 이것들을 점화식의 기본해(fundamental solution)라 한다. $a_n = \alpha^n$꼴의 해는 특성방정식의 근에서 만들어진 것 외에는 없다는 것은 식 (4-2)를 유도한 과정을 보면 쉽게 이해할 수 있다. 이 사실에서 다음 정리를 얻는다.

정리 4.1 선형점화식의 기본해

0이 아닌 수(실수 또는 복소수) α에 대하여 $a_n = \alpha^n$가 점화식 (4-1)의 해이기 위한 필요충분조건은 α가 특성방정식 (4-2)의 근일 것이다.

기본해들을 선형결합 하여 일반적인 해를 구할 수 있는데 이렇게 구한 해를 일반해(general solution)라고 한다. 다음 정리를 보자.

정리 4.2 선형점화식의 일반해

$h_1(n), h_2(n), \cdots, h_r(n)$이 동차선형점화식 (4-1)의 해 라면 임의의 상수 $k_1, k_2, \cdots, k_r$에 대하여

$$H(n) = k_1 h_1(n) + k_2 h_2(n) + \cdots + k_r h_r(n) = \sum_{i=1}^{r} k_i h_i(n)$$

도 점화식의 해다.

증명 먼저 $r=2$일 때, $H(n) = k_1 h_1(n) + k_2 h_2(n)$이 점화식의 해가 되는 것을 확인해보자. $h_1(n)$, $h_2(n)$이 점화식(4-1)의 해이므로

$h_1(n) = c_1 h_1(n-1) + c_2 h_1(n-2) + \cdots + c_r h_1(n-r)$

$h_2(n) = c_1 h_2(n-1) + c_2 h_2(n-2) + \cdots + c_r h_2(n-r)$

첫째 식에 k_1을 곱하고 둘째 식에 k_2를 곱한 뒤 두 식을 더하면

$$\begin{aligned}H(n) &= k_1 h_1(n) + k_2 h_2(n)\\ &= [k_1 c_1 h_1(n-1) + k_2 c_1 h_2(n-1)] + \cdots + [k_1 c_r h_1(n-r) + k_2 c_r h_2(n-r)]\\ &= c_1[k_1 h_1(n-1) + k_2 h_2(n-1)] + \cdots + c_r[k_1 h_1(n-r) + k_2 h_2(n-r)]\\ &= c_1 H(n-1) + \cdots + c_r H(n-r)\end{aligned}$$

$H(n) = k_1 h_2(n) + k_2 h_2(n)$이 점화식(4-1)을 만족 하므로 해가 된다.

일반적으로

$$\begin{aligned} H(n) &= \sum_{i=1}^{r} k_i h_i(n) \\ &= \sum_{i=1}^{r} k_i \sum_{j=1}^{r} c_j h_i(n-j) \\ &= \sum_{j=1}^{r} c_j \sum_{i=1}^{r} k_i h_i(n-j) \\ &= \sum_{j=1}^{r} c_j H(n-j) \end{aligned}$$

즉 $H(n) = c_1 H(n-1) + c_2 H(n-2) + \ldots + c_r H(n-r)$ 이 성립하므로 $H(n)$은 점화식 (4-1)의 해다.

앞으로 일반해를

$$a_n = k_1\alpha_1^n + k_2\alpha_2^n + \cdots + k_r\alpha_r^n \ (k_1, k_2, \cdots, k_r \text{는 상수}) \tag{4-3}$$

와 같이 쓰기로 한다. 초기조건에 따라 일반해의 상수가 정해지므로 과연 모든 초기조건에 대해 식 (4-3)꼴의 일반해를 구할 수 있는지 궁금할 것이다. 만약 특성방정식이 중근을 갖지 않는다면 다음의 정리에서 항상 해를 구할 수 있음을 알 수 있다.

정리 4.3

만약 $\alpha_1, \alpha_2, \cdots, \alpha_r$이 특성방정식 (4-2)의 서로 다른 근이라면 주어진 초기조건에 대한 점화식 (4-1)의 해는 $a_n = k_1\alpha_1^n + k_2\alpha_2^n + \cdots + \alpha_r^n$의 꼴로 표시가능하다.

증명 임의의 초기조건에 대해 상수 $k_1, k_2, \cdots, k_r$가 유일하게 결정된다는 것을 보이면 된다. r개의 초기조건 $a_0, a_1, a_2, \cdots a_{r-1}$이 주어졌다면 차례로 대입하여 다음과 같은 연립방정식을 얻는다.

$$\begin{array}{lllll} k_1 & + k_2 & + \cdots & + k_r & = a_0 \\ k_1\alpha_1 & + k_2\alpha_2 & + \cdots & + k_r\alpha_r & = a_1 \\ k_1\alpha_1^2 & + k_2\alpha_2^2 & + \cdots & + k_r\alpha_r^2 & = a_2 \\ \vdots & \vdots & & \vdots & \vdots \\ k_1\alpha_1^{r-1} & + k_2\alpha_2^{r-1} & + \cdots & + k_r\alpha_r^{r-1} & = a_{r-1} \end{array}$$

이 연립방정식이 항상 유일한 해를 갖으려면 계수 매트릭스가 가역이어야 한다. 그런데 계수 매트릭스

$$\begin{pmatrix} 1 & 1 & \cdots & 1 \\ \alpha_1 & \alpha_2 & \cdots & \alpha_r \\ \alpha_1^2 & \alpha_2^2 & \cdots & \alpha_r^2 \\ \vdots & \vdots & \cdots & \vdots \\ \alpha_1^{r-1} & \alpha_2^{r-1} & \cdots & \alpha_r^{r-1} \end{pmatrix}$$

는 잘 알려진 Vandermonde matrix이고 이것의 행렬식(determinant)은 $\prod_{1 \le i < j \le r} (\alpha_j - \alpha_i)$ 이므로 $\alpha_1, \alpha_2, \cdots, \alpha_r$이 모두 다르다면 0이 아니다. 즉 계수 매트릭스는 가역이고 연립방정식은 유일한 해를 갖는다.

따라서 우리는 다음과 같이 순서로 동차선형점화식의 해를 구할 수 있다.

1. 특성방정식의 근을 모두 구한다. 근이 모두 다르다면 r개의 기본해를 얻는다.
2. 이들 기본해의 선형결합으로 점화식의 일반해를 표시한다.
3. 주어진 초기조건을 대입하여 선형결합의 상수를 결정한다.

예제 4-7

점화식 $a_n = 2a_{n-1} + 3a_{n-2}$, $(a_0 = a_1 = 1)$의 해를 구하여라.

풀이 특성방정식은 $x^2 - 2x - 3 = 0$이고 인수분해 하면 $(x-3)(x+1) = 0$ 가 되어 구하는 근은 3과 −1이다. 따라서 점화식의 기본해는 $a_n = 3^n$ 과 $a_n = (-1)^n$이고 일반해는 $a_n = k_1 3^n + k_2(-1)^n$ 이다. 이제 초기조건을 대입하여 상수 k_1, k_2를 결정하면

$$1 = a_0 = k_1 3^0 + k_2(-1)^0 = k_1 + k_2$$

$$1 = a_1 = k_1 3^1 + k_2(-1)^1 = 3k_1 - k_2$$

에서 $k_1 = k_2 = 1/2$이므로

$$a_n = 3^n/2 + (-1)^n/2$$

■

예제 4-8

피보나치수열의 일반항을 구하여라.

풀이 피보나치수열의 점화식은 $a_n = a_{n-1} + a_{n-2}$, $a_0 = 0, a_1 = 1$이다. 따라서 특성방정식은 $x^2 - x - 1 = 0$이고 방정식의 근은 $\alpha_1 = (1+\sqrt{5})/2$, $\alpha_2 = (1-\sqrt{5})/2$이다. 일반해는 $a_n = k_1\alpha_1^n + k_2\alpha_2^n$이므로 초기조건을 만족하는 상수를 구하려면 다음 연립방정식을 만족하는 k_1, k_2를 구한다.

$$k_1 + k_2 = 0$$

$$\frac{k_1(1+\sqrt{5})}{2} + \frac{k_1(1-\sqrt{5})}{2} = 1$$

방정식을 풀면 $k_1 = 1/\sqrt{5}$, $k_2 = -1/\sqrt{5}$이고 따라서 일반항은

$$a_n = \frac{1}{\sqrt{5}}\left(\frac{1+\sqrt{5}}{2}\right)^n - \frac{1}{\sqrt{5}}\left(\frac{1-\sqrt{5}}{2}\right)^n, \ (n \geq 0)$$

■

앞에서 특성방정식의 근이 서로 다른 경우 어떻게 점화식의 일반해를 구하는지 알아보았다. 만약 특성방정식이 중근을 가지면 기본해의 개수가 충분치 않아 연립방정식을 풀 수 없는 경우가 생긴다. 따라서 이 문제를 해결하려면 우선 기본해를 충분히 확보하는 것이 필요하다.

α가 특성방정식 $x^r - c_1x^{r-1} - c_2x^{r-2} - \cdots - c_r = 0$ 의 중복도 m인 중근이라 하자. 그러면 $(x-\alpha)^m$은 특성방정식을 나누고 ($(x-\alpha)^{m+1}$은 나누지 못한다.) 특성방정식을 미분해도 $(x-\alpha)$로 나누어진다. 즉 α는 특성방정식을 미분하여 만든 방정식의 근이다. 이제 특성방정식에 x^{n-r}을 곱하고 미분하면

$$nx^{n-1} - (n-1)c_1x^{n-2} - (n-2)c_2x^{n-3} - \cdots - (n-r)c_rx^{n-r-1} = 0$$

이 되는데 다시 x를 곱하면

$$nx^n - (n-1)c_1x^{n-1} - (n-2)c_2x^{n-2} - \cdots - (n-r)c_rx^{n-r} = 0$$

을 얻는다. α가 원래 특성방정식의 중근이므로 미분하여 새로 만든 방정식의 근도 된다. 따라서 방정식에 $x = \alpha$를 대입하고 $a_n = n\alpha^n$라 하면

$$a_n = c_1a_{n-1} + c_2a_{n-2} + \cdots + c_ra_{n-r}$$

가 되어 점화식을 만족함을 알 수 있다. 같은 방법을 쓰면(미분하고 x를 곱한다.) $a_n = n^2\alpha^n, \ldots, a_n = n^{m-1}\alpha^n$ 이 모두 점화식을 만족함을 확인할 수 있다. 중복도 m인

중근에서 m개의 기본해를 얻을 수 있으므로 차수 r인 선형점화식은 언제나 r개의 기본해를 갖는다. 따라서 앞의 방법을 이용하여 일반해를 구할 수 있다.

예제 4-9

점화식 $a_n = 6a_{n-1} - 9a_{n-2}$, $a_0 = 1$, $a_1 = 4$ 의 해를 구하여라.

풀이 특성방정식은 $x^2 - 6x + 9 = 0$ 이며 $x = 3$이 중근이다. 따라서 일반해는

$a_n = k_1 3^n + k_2 n 3^n$

이고 초기조건에서 $k_1 = 1$ $3k_1 + 3k_2 = 4$ $k_1 = 1$, $k_2 = 1/3$ 이 되어 구하는 해는

$a_n = 3^n + n3^{n-1}$

■

특성방정식의 근이 복소수인 경우에도 같은 풀이 방법을 적용할 수 있다. 다음의 예는 특성방정식의 근이 복소수이고 중근인 경우다.

예제 4-10

점화식 $a_n = -2a_{n-2} - a_{n-4}$, $a_0 = 0$, $a_1 = 1$, $a_2 = 2$, $a_3 = 3$ 의 해를 구하여라.

풀이 특성방정식은 $x^4 + 2x^2 + 1 = 0$ 이며 $x = \pm i$이 중근이다. 일반해는

$a_n = k_1(i)^n + k_2 n(i)^n + k_3(-i)^n + k_4 n(-i)^n$

초기조건을 대입하면

$$\begin{aligned} 0 = a_0 &= k_1(i)^0 + k_2 0(i)^0 + k_3(-i)^0 + k_4 0(-i)^0 \\ &= k_1 \quad + \quad + k_3 \end{aligned}$$

$$\begin{aligned} 1 = a_1 &= k_1(i)^1 + k_2 1(i)^1 + k_3(-i)^1 + k_4 1(-i)^1 \\ &= i(k_1 + k_2 - k_3 - k_4) \end{aligned}$$

$$\begin{aligned} 2 = a_2 &= k_1(i)^2 + k_2 2(i)^2 + k_3(-i)^2 + k_4 2(-i)^2 \\ &= -k_1 - 2k_2 - k_3 - 2k_4 \end{aligned}$$

$$\begin{aligned} 3 = a_3 &= k_1(i)^3 + k_2 3(i)^3 + k_3(-i)^3 + k_4 3(-i)^3 \\ &= i(-k_1 - 3k_2 + k_3 + 3k_4) \end{aligned}$$

연립방정식의 해를 구하면

$$k_1 = \frac{-3}{2}i,\ k_2 = \frac{-1}{2}+i,\ k_3 = \frac{3}{2}i,\ k_4 = \frac{-1}{2}-i$$

$$a_n = -\frac{3}{2}i^{n+1} + (-\frac{1}{2}+i)ni^n + \frac{3}{2}i(-i)^n + (-\frac{1}{2}-i)n(-i)^n$$

■

위 점화식의 경우 일반항 계산하는 공식보다는 점화관계식에 차례로 대입하는 것이 일반항을 구하는 손쉬운 방법이다.(피보나치수열의 경우도 마찬가지다.)

이제 차수 r인 비동차점화식

$$a_n = c_1 a_{n-1} + c_2 a_{n-2} + \cdots + c_r a_{n-r} + g(n) \tag{4-4}$$

의 해법을 생각해보자. 이 점화식의 동차점화식부분

$$a_n = c_1 a_{n-1} + c_2 a_{n-2} + \cdots + c_r a_{n-r} \tag{4-5}$$

을 부속동차점화식이라 한다. 우선 비동차점화식의 해와 부속동차점화식의 해가 어떤 관계에 있는지 알아보자.

정리 4.4

$p(n)$, $q(n)$이 비동차점화식 (4-4)의 해 라면 $p(n)-q(n)$은 부속동차점화식 (4-5)의 해다.

증명 정리 4.2의 증명과정을 모방하면 $p(n)-q(n)$가 부속동차점화식을 만족시키는지 확인하는 것은 간단하므로 자세한 증명은 생략한다.

따라서 비동차점화식 (4-4)의 한 해를 $p(n)$(이것을 특수해라 부른다), 부속동차점화식의 일반해를 $f(n)$이라하면 선형비동차점화식의 일반해는 $f(n)+p(n)$꼴이다. 즉 비동차점화식의 풀이과정은 다음과 같다.

1. 부속동차점화식의 일반해 $f(n)$을 구한다.
2. 비동차점화식의 특수해 $p(n)$을 구한다.
3. $f(n)$과 $p(n)$을 결합하여 일반해를 구한다.

문제는 특수해 $p(n)$을 구하는 것이다. 특수해는 비동차항 $g(n)$의 형태에 따라 적당한 함수를 예상하여 구하는 것이 일반적인 방법이다. 다음은 일반적으로 알려진 특수해의 형태다. 그러나 모든 경우에 특수해가 다음에 기술한 형태를 갖는 것은 아니다.

(1) $g(n)$이 n에 관한 k차 다항식이면 $p(n)$도 k차 다항식으로 둔다.

(2) $g(n) = da^n$ 이면 $p(n) = Da^n$으로 둔다.

예제 4-11

하노이의 탑 문제 (예제 1-12)에서 주어진 점화식 $a_n = 2a_{n-1} + 1$, $a_1 = 1$의 해를 구하여라.

풀이 동차점화식 $a_n = 2a_{n-1}$의 일반해는 $f(n) = k2^n$. 비동차항이 상수이므로 특수해를 $p(n) = d$(d는 상수)라 하고 점화식을 만족하는 d의 값을 구한다.

$d = p(n) = a_n = 2a_{n-1} + 1 = 2d + 1$에서 $d = -1$

따라서 특수해는 $p(n) = -1$, 일반해는 $a_n = k2^n - 1$.

초기조건 $1 = a_1 = k2^1 - 1$ 에서 $k = 1$

구하는 해는 $a_n = 2^n - 1$

■

예제 4-12

점화식 $a_n = a_{n-1} + n$, $a_1 = 2$의 해를 구하여라. (예제 4-1)

풀이 동차점화식의 일반해는 $f(n) = k$. 비동차항이 1차 다항식이므로

특수해를 $p(n) = dn + e$라 놓고 상수를 구해보자.

특수해가 점화식을 만족하므로

$p(n) = p(n-1) + n$

$dn + e = d(n-1) + e + n$

$d = n$, $e =$ 임의의 상수.

즉 1차 다항식 형태의 특수해를 구할 수 없다. 이제 2차 다항식으로 시도 해보자.

$p(n) = dn^2 + en + f$라 놓고 상수를 구해보면,

$dn^2 + en + f = d(n-1)^2 + e(n-1) + f + n$

에서 $d=e=1/2$. 따라서 $p(n)=(n^2+n)/2+f$

$p(1)=2$를 대입하면 $f=1$.그러므로 특수해와 일반해는

$p(n)=(n^2+n)/2+1$. $a_n=k+(n^2+n)/2+1$

초기조건 에서 $k=0$이므로 구하는 해는

$a_n=(n^2+n)/2+1$

이 예에서 보듯이 특수해가 반드시 비동차항의 형태와 같지는 않다.

■

예제 4-13

점화식 $a_n=2a_{n-1}+3^n$, $a_0=2$의 해를 구하여라.

풀이 부속동차점화식 $a_n=2a_{n-1}$의 일반해는 $f(n)=k2^n$

특수해를 $p(n)=d3^n$라 하면

$d3^n=2d3^{n-1}+3^n$ 이므로 $3d=2d+3$, $\therefore d=3$

그러므로 $p(n)=3^{n+1}$이고 일반해는$a_n=k2^n+3^{n+1}$

초기조건 $a_0=2$를 대입하면 $2=k+3$, 즉 $k=-1$. 따라서 구하는 해는

$a_n=-2^n+3^{n+1}$.

■

예제 4-14

점화식 $a_n=3a_{n-1}+3^n$, $a_0=2$의 해를 구하여라.

풀이 앞의 예제와 같은 방법으로 해보면, 부속동차점화식 $a_n=3a_{n-1}$의 일반해는 $f(n)=k3^n$

특수해로 $p(n)=d3^n$로 두면 $d3^n=3d3^{n-1}+3^n$ 이 되어 d의 값을 구할 수 없다.

이제 특수해를 $p(n)=dn3^n$로 두고 다시 시도해 보자.

$dn3^n=3d(n-1)3^{n-1}+3^n$,

$dn=d(n-1)+1$, $\therefore d=1$

그러므로 일반해는

$a_n=k3^n+n3^n=(k+n)3^n$

초기조건 $a_0=2$를 대입하면 $k=2$. 따라서 구하는 해는 $a_n=(n+2)3^n$

■

이 문제는 비동차항인 지수함수 3^n의 밑수 3이 부속동차점화식의 특성방정식의 근이 되는 경우 생기는 현상을 보여준다. 일반적으로 비동차항이 $g(n)=da^n$의 형태이고 a가 특성방정식의 중복도 m인 중근이 되는 경우 $p(n)=kn^m a^n$ 꼴의 특수해가 있다는 것을 보일 수 있다. 비동차항이 두 가지 이상의 함수가 결합된 경우라도 같은 방법으로 해를 구한다. 다음의 예를 보자.

예제 4-15

점화식 $a_n=3a_{n-1}-4n+3\cdot 2^n$, $a_1=8$의 해를 구하여라.

풀이 부속동차점화식 $a_n=3a_{n-1}$의 일반해는 $a_n=k3^n$

각각의 비동차항에 대하여 특수해를 구한다.

먼저 $a_n=3a_{n-1}-4n$에 대한 특수해로 $a_n^*=c_1n+c_0$를 시도해 보자.

$$c_1n+c_0=a_n^*=3a_{n-1}^*-4n$$

$$=3[c_1(n-1)+c_0]-4n$$

양변의 상수항과 1차 항이 같아야 하므로

$c_0=-3c_1+3c_0$, $c_1=3c_1-4$

연립방정식을 풀면 $c_0=3, c_1=2$, 따라서 특수해는 $a_n^*=2n+3$

다음에 $a_n=3a_{n-1}-3\cdot 2^n$에 대한 특수해로 $a_n^{**}=d2^n$을 시도한다.

$$d2^n=a_n^{**}=3a_{n-1}^{**}+3\cdot 2^n$$

$$=3(d2^{n-1})+3\cdot 2^n$$

위 식에서 $d=-6$, 따라서 특수해는 $a_n^{**}=-6\cdot 2^n$

부속동차점화식에 두 특수해를 더하여 다음과 같이 일반해를 얻는다.

$$a_n=k3^n+2n+3-6\cdot 2^n$$

위의 일반항에 초기조건을 대입하면

$$8=a_1=k3+2+3-6\cdot 2=3k-7$$

따라서 구하는 해는

$$a_n=5\cdot 3^n+2n+3-6\cdot 2^n$$

■

연습문제 4.2

Exercises

1. 다음 점화식으로 정의되는 수열의 일반항을 구하여라.

(1) $a_n = 3a_{n-1} + 4a_{n-2}$, $a_0 = a_1 = 1$.

(2) $a_n = 2a_{n-1} - a_{n-2}$, $a_0 = a_1 = 2$.

(3) $a_n = a_{n-1} + 6a_{n-2}$, $a_0 = a_1 = 1$.

(4) $a_n = 4a_{n-1} - 3a_{n-2}$, $a_0 = 1$, $a_1 = 2$.

(5) $a_n + 2a_{n-1} - a_{n-3} = 0$, $a_0 = 1$, $a_1 = 2$, $a_2 = 2$.

(6) $a_n = 6a_{n-1} - 12a_{n-3} + 8a_{n-3}$, $a_0 = 1$, $a_1 = 2$, $a_2 = 3$.

(7) $a_n = 3a_{n-1} - 3a_{n-2} + a_{n-3}$, $a_0 = a_1 = 1$, $a_2 = 2$.

2. 같은 수가 연속해서 나오지 않는 n자리 3진 수열의 개수에 대한 점화식을 구하고 해를 구하여라.

3. 점화식 $a_n = c_1 a_{n-1} + c_2 a_{n-2}$가 일반해 $a_n = A_1 3^n + A_2 6^n$을 가질 때, c_1과 c_2를 구하여라.

4. 다음 조건을 만족하는 길이가 n이고 각 항이 $0, 1$또는 2인 수열의 개수 a_n을 n에 관한 식으로 나타내어라.

(1) 짝수 개의 0을 가진다.

(2) 00이 나타나지 않는다.

(3) 012가 나타나지 않는다.

5. 다음 점화식으로 정의되는 수열의 일반항을 구하여라.

(1) $a_0 = 1$, $a_1 = 2$, $a_2 = 3$, $a_n + a_{n-1} + a_{n-2} + a_{n-3} = 2$

(2) $a_0 = 1$, $a_1 = 5$, $a_n + 3a_{n-1} + 2a_{n-2} = 2n^2$

(3) $a_0 = 2$, $a_1 = 6$, $a_n - 7a_{n-1} + 10a_{n-2} = 3^n + 1$

(4) $a_0 = 0$, $a_1 = 1$, $a_n^2 = a_{n-1}^2 + 2a_{n-2}^2$.

(5) $a_0 = 1$, $a_1 = 2$, $na_n + (n-1)a_{n-1} = 2^n$.

6. 다음 점화식의 해를 구하여라.

(1) $a_n = a_{n-1} + 3(n-1)$, $a_0 = 1$

(2) $a_n = a_{n-1} + n(n-1)$, $a_0 = 3$

(3) $a_n = a_{n-1} + 3n^2$, $a_0 = 10$

(4) $a_n = 3a_{n-1} + n^2 - 3$, $a_0 = 1$

7. 숫자 1이 숫자 2의 오른쪽에 올 수가 없는 n자리수 3진 수열의 개수에 대한 점화식을 구하고 풀어라.

8. $\frac{1}{2}(a_n + a_{n-1}) = 2n + 5$이고 $a_0 = 3$일 때, a_n을 구하여라.

9. $a_0 = 1$일 때, 다음 점화식을 풀어라.

(1) $a_n^2 = 2a_{n-1}^2 + 1$ (힌트 : $b_n = a_n^2$)

(2) $a_n = -n a_{n-1} + n!$

10. 점화식 $a_n = a_{n-1} - a_{n-2}$ 에 대한 다음 물음에 답하시오.

(1) $a_2 = 0$, $a_3 = 1$일 때 일반항을 구하시오.

(2) $a_0 = 0$, $a_3 = 0$일 때 일반항을 구할 수 있는가?

(3) $a_0 = 0$, $a_3 = 1$일 때 일반항을 구할 수 있는가?

4.3 생성함수 모형과 계수의 계산

지금까지 개수를 셈하는 여러 가지 방법을 알아보았다. 덧셈법칙과 곱셈법칙에서 시작하여 순열과 조합을 이용한 다양한 공식을 만들었고 점화식을 이용하여 복잡한 문제를 간결하게 표현하여 답을 구하기도 하였다. 그러나 개수 세는 문제 중에는 지금까지 학습한 방법으로 해결하기 어려운 것이 있다. 특별한 조건이 부가된 중복조합이나 중복순열의 문제는 포함배제의 원리를 이용해서 셈이 가능하나 답을 얻는 과정이 복잡하고, 점화식은 편리한 수단이나 선형점화식이 아니면 일반적인 해를 구하기가 어렵다는 단점이 있다. 따라서 개수 셈하는 또 다른 효율적인 방법이 필요하다. 우리는 이 절에서 오일러(Euler)가 만든 생성함수(Generating Function)의 개념을 학습하기로 한다.

[정의] 생성함수(generating function)

수열 $A = (a_0, a_1, a_2, \cdots, a_n, \cdots)$에 멱급수

$$A(x) = a_0 + a_1 x + a_2 x^2 + \ldots + a_n x^n + \ldots$$

를 대응시키고 $A(x)$를 수열 A의 생성함수라 한다.

생성함수의 n차 항 $a_n x^n$에서 우리가 관심 갖는 것은 계수 a_n이고 x^n은 단지 계수들을 구분하는 기호에 불과하다. 특정한 x값에 대해 함수값을 계산하지 않으므로 생성함수를 논의할 때 모든 멱급수는 형식적인 멱급수라고 해도 우리의 목적을 달성하는데 무리가 없다. 따라서 앞으로 모든 생성함수의 수렴성은 따지지 않기로 한다. 또한 멱급수들의 덧셈, 곱셈은 다항식의 덧셈, 곱셈 방법을 적용하기로 한다. 예를 들어

$A(x) = 1 + x^2 + 3x^5$, $B(x) = 4 + x + 2x^3 + x^5$이면

$$A(x) + B(x) = 5 + x + x^2 + 2x^3 + x^5$$

$$\begin{aligned} A(x)B(x) &= (1 \cdot 4) + (1 \cdot x) + (1 \cdot 2x^3) + (1 \cdot x^5) \\ &\quad + (x^2 \cdot 4) + (x^2 \cdot x) + (x^2 \cdot 2x^3) + (x^2 \cdot x^5) \\ &\quad + (3x^5 \cdot 4) + (3x^5 \cdot x) + (3x^5 \cdot 2x^3) + (3x^5 \cdot x^5) \\ &= 4 + x + 4x^2 + 3x^3 + 15x^5 + 3x^6 + x^7 + 6x^8 + 3x^{10} \end{aligned}$$

만약 $C(x) = 2 + 3x + 4x^2 + x^3 + x^4 + x^5 + \cdots$, $D(x) = 2x + x^2 + x^4 + x^6 + \cdots$ 이면

$C(x)D(x)$에서 x^8의 계수는 다음과 같이 계산한다.

$$(2 \cdot x^8) + (4x^2 \cdot x^6) + (x^4 \cdot x^4) + (x^6 \cdot x^2) + (x^7 \cdot 2x) = 10x^8$$

예제 4-16

수열 1, 1, 1, ⋯ 의 생성함수를 구하시오.

풀이 정의에 따라 생성함수는

$$A(x) = 1 + x + x^2 + \cdots = \frac{1}{1-x}$$

■

예제 4-17

n이 양의 정수일 때 이항계수 $\binom{n}{0}, \binom{n}{1}, \binom{n}{2}, \ldots, \binom{n}{n}$의 생성함수 $A_n(x)$를 구하시오.

풀이 생성함수의 정의에 따라 구하는 멱급수는

$$A_n(x) = \binom{n}{0} + \binom{n}{1}x + \binom{n}{2}x^2 + \cdots + \binom{n}{n}x^n$$

이고 이항정리에 의해

$$A_n(x) = (1+x)^n$$

■

일반적으로 α가 실수일 때 이항계수 $\binom{\alpha}{0}, \binom{\alpha}{1}, \binom{\alpha}{2}, \cdots, \binom{\alpha}{n}, \cdots$의 생성함수 $A_\alpha(x)$는 뉴턴의 이항정리에 의하여 $A_\alpha(x) = (1+x)^\alpha$이다.

지금까지의 예는 수열이 주어지고 그 수열에 대응하는 생성함수를 구하였다. 그러나 수열의 각 항이 우리가 알지 못하는 어떤 가짓수를 나타내는 경우라면 우리는 생성함수를 먼저 구하고 이를 이용하여 수열의 항을 구해야 한다. 실제로 생성함수는 이런 경우를 위해 사용한다. 다음의 예를 통해 어떻게 생성함수를 만들어 내는지 보기로 하자.

사과 1개, 오렌지 2개, 파인애플 3개가 있다. 과일을 마음대로 고르는 모든 방법을 다음과 같이 설명하자. 사과를 A, 오렌지를 O, 파인애플을 P로 표시하면 예를 들어 AOP는 사과, 오렌지, 파인애플을 선택한 것을 의미한다. 같은 방식으로 $AOOPPP$ 는 사과 1개, 오렌지 2개, 파인애플 3개를 선택한 것이다. 이것을 간단히 AO^2P^3와 같이 쓰기로 하자. POA는 과일 선택의 순서가 바뀌었을 뿐 AOP와 같은 선택임을 알 수 있다. 과일 선택의 순서는 중요하지 않으므로 $AOP = POA$라고 본다. 만약 두 사람이 위와 같이 과일을 선택했다면 우리는 이것을 $AOP + AO^2P^3$와 같이 쓰기로 하자. 과일 고르는 가능한 방법을 이런 식으로 모두 적어보면 A, O, O^2, P, P^2, P^3 등이 나타나는 다항식 형태가 될 것이다. 이제 아래 식을 보자.

$$(1+A)(1+O+O^2)(1+P+P^2+P^3)$$

이 식을 보통의 다항식이라고 생각하여 전개하면 과일 고르는 모든 가능한 방법이 다항식 형태로 표현되고 전개식에서 지수의 합이 n인 항 들은 과일 n개를 고르는 방법을 나타낼 것이다. 과일 3개를 선택하는 경우를 모두 나열하면 $AO^2, AOP, AP^2, O^2P, OP^2, P^3$으로 6가지다. 만약 과일 3개를 고르는 가짓수만 알고 싶다면 굳이 A, O, P를 구분할 필요가 없다. 아래 다항식을 보면 x^3의 계수가 6이다.

$$(1+x)(1+x+x^2)(1+x+x^2+x^3) = 1+3x+5x^2+6x^3+5x^4+3x^5+x^6$$

첫 번째 인수에서 x는 사과를 의미하고 두 번째 인수에서 x는 오렌지를, 세 번째 인수에서 x는 파인애플을 의미한다. 따라서 위의 다항식은 과일 $n(0 \le n \le 6)$개를 선택하는 방법에 대한 생성함수다. 만약 문제가 바뀌어 주어진 돈으로 과일을 사는 방법의 수를 구하고 싶다면 어떻게 할 것인가? 예를 들어 과일 1개의 값이 사과 60원, 오렌지 40원, 파인애플 20원이라 하고 다음 다항식을 보자.

$$(1+x^{60})(1+x^{40}+x^{80})(1+x^{20}+x^{40}+x^{60})$$

$$= 1+x^{20}+2x^{40}+3x^{60}+3x^{80}+4x^{100}+3x^{120}+3x^{140}+2x^{160}+x^{180}+x^{200}$$

앞의 과일 고르는 경우와 같은 이유로 전개식에서 x^n의 계수는 과일 n원어치 사는 방법의 수를 의미한다는 것을 알 수 있다. 예제를 통해 이 과정을 익숙하게 해 보자.

예제 4-18

사과 5개, 오렌지 4개, 파인애플 5개가 있다. 사과는 홀수 개, 오렌지는 두 개 이상,

파인애플은 1개, 4개, 5개 중 한 가지 선택한다면 과일 10개를 고르는 방법은 모두 몇 가지인가?

풀이 사과 선택을 나타내는 다항식(생성함수)을 $A_1(x) = (x + x^3 + x^5)$

오렌지 선택을 나타내는 다항식을 $A_2(x) = (x^2 + x^3 + x^4)$

파인애플 선택을 나타내는 다항식을 $A_3(x) = (x + x^4 + x^5)$

으로 표시하면 구하는 생성함수는

$A_1(x)A_2(x)A_3(x) = (x + x^3 + x^5)(x^2 + x^3 + x^4)(x + x^4 + x^5)$

이고 x^{10}의 계수를 구하면 4이므로 과일 10개를 고르는 방법은 모두 4가지다

■

예제 4-19

방정식 $x_1 + x_2 + x_3 + x_4 + x_5 + x_6 = 20,\ 0 \le x_i \le 8$의 음이 아닌 정수해는 몇 개인가?

풀이 각 변수의 선택을 나타내는 생성함수는 모두 $1 + x + x^2 + \cdots + x^8$이므로 생성함수는 $(1 + x + x^2 + \cdots + x^8)^6$이다. 이 다항식에서 x^{20}의 계수가 구하는 정수해의 개수다. 생성함수의 계수를 구하는 방법은 다음 절에서 다룰 예정이나 이미 우리는 (예제 3-12)에서 이 방정식의 정수해 개수를 구한 적이 있다. 정수해의 개수는

$\binom{25}{20} - \binom{6}{1}\binom{16}{5} + \binom{6}{2}\binom{7}{2}$

■

예제 4-20

다중집합 $S = \{\infty \cdot e_1, \infty \cdot e_2, \cdots, \infty \cdot e_k\}$의 $n-$중복조합 중에서 각 원소가 짝수 개 사용된 것의 개수를 a_n이라 할 때 이 수열의 생성함수를 구하여라.

풀이 먼저 문제의 뜻에 따라 $0 = a_1 = a_3 = a_5 = \cdots$이다. 또한 이 문제는 방정식 $x_1 + x_2 + \ldots + x_k = n$의 음이 아닌 짝수 정수해의 개수를 구하는 문제와 동치이다. 각

변수의 선택을 나타내는 생성함수는 멱급수 $1+x^2+x^4+x^6+\ldots$이고 이것을 k번 곱한 $A(x)=(1+x^2+x^4+x^6+\ldots)^k$ 가 구하는 생성함수다.

$1+x^2+x^4+x^6+\ldots=\dfrac{1}{1-x^2}$ 이므로

$$A(x)=\frac{1}{(1-x^2)^k}$$

$$=1+kx^2+\frac{k(k+1)}{2}x^4+\frac{k(k+1)(k+2)}{6}x^6+\ldots$$

$$a_{2n}=\frac{k(k+1)(k+2)\ldots(k+n-1)}{n!}=\binom{k+n-1}{n},\quad n=0,1,2,\cdots$$

■

우리는 위의 예제와 같은 형태의 문제를 이항정리와 생성함수를 이용하여 효과적으로 해결하는 방법을 다룰 것이다. 이제 생성함수의 계수를 계산하기 위한 대수적인 방법을 알아보기로 한다. 먼저 자주 사용되는 항등식을 정리해보자.

$$\frac{1-x^{n+1}}{1-x}=1+x+x^2+\ldots+x^n \tag{4-6}$$

$$\frac{1}{1-x}=1+x+x^2+\ldots \tag{4-7}$$

$$(1+x)^n=1+\binom{n}{1}x+\binom{n}{2}x^2+\ldots+\binom{n}{r}x^r+\ldots+\binom{n}{n}x^n \tag{4-8}$$

$$(1-x^m)^n=1-\binom{n}{1}x^m+\binom{n}{2}x^{2m}+\cdots(-1)^r\binom{n}{r}x^{rm}\cdots(-1)^n\binom{n}{n}x^{nm} \tag{4-9}$$

$$\frac{1}{(1-x)^n}=1+\binom{1+n-1}{1}x+\binom{2+n-1}{2}x^2+\ldots+\binom{r+n-1}{r}x^r+\ldots \tag{4-10}$$

$h(x)=f(x)g(x)$ 이고

$$f(x)=a_0+a_1x+a_2x+\cdots$$

$$g(x)=b_0+b_1x+b_2x+\cdots$$

이면

$$h(x) = a_0b_0 + (a_1b_0 + a_0b_1)x + (a_2b_0 + a_1b_1 + a_0b_2)x^2 + \cdots \qquad (4\text{-}11)$$
$$+ (a_rb_0 + a_{r-1}b_1 + a_{r-2}b_2 + \cdots + a_0b_r)x^r + \cdots$$

예제 4-21

다항식 $(x^2+x^3+x^4+...)^5$을 전개했을 때 x^{16}의 계수를 구하여라.

풀이 먼저 식을 간단히 하기위해 공통인수 x^2을 묶어내면

$$(x^2+x^3+x^4+\cdots)^5 = [x^2(1+x+x^2+\cdots)]^5$$
$$= \left(\frac{x^2}{1-x}\right)^5 = x^{10}\frac{1}{(1-x)^5}$$

따라서 우리가 구하려는 x^{16}의 계수는 $x^{10}(1-x)^{-5}$에서 x^{16}의 계수를 구하는 것이고 결국 $(1-x)^{-5}$에서 x^6의 계수를 구하는 것이다. 공식(4-10)을 사용하면 구하는 계수는 $\binom{6+5-1}{6} = \binom{10}{6}$이다. 만약 x^{16}의 계수를 구하는 대신 일반적으로 x^r의 계수를 구하고 싶다면 $(1-x)^{-5}$에서 x^{r-10}의 계수를 구한다. 따라서 x^r의 계수는 $\binom{(r-10)+5-1}{r-10} = \binom{r-6}{r-10}$이다.

다항식 $(x^2+x^3+x^4+...)^5$은 r개의 동일한 물건을 5개의 구별되는 상자에 분배하되 각 상자에 적어도 2개씩은 들어 가도록하는 방법의 수를 구하는 생성함수다. 우리는 이 문제를 예제 2-23에서 중복조합을 이용하여 구한 적이 있다. 각 상자에 우선 2개씩의 물건을 분배하고 나머지 $r-10$개의 물건을 5개의 상자에 분배하여 구했는데 중복조합의 방법으로 구한 답과 생성함수를 이용하여 구한 답이 일치하는 것을 볼 수 있다. 생성함수를 간단히 하기위해 공동인수 x^2을 묶어내는 과정은 각 상자에 먼저 2개씩 물건을 분배하는 과정에 해당됨을 알 수 있다. 이런 대응관계가 있기에 조합론적 문제 풀이에 생성함수가 쓰이는 것이다.

예제 4-22

25개의 사탕을 7명의 어린이에게 나누어주되 첫 번째 어린이는 최대 10개를 받을 수 있지만 나머지 어린이에게 주는 사탕의 수에는 제한이 없다면 나누어주는 방법은 몇 가지인가?

풀이 r개의 사탕을 문제의 조건에 따라 나누어주는 방법의 수를 구하는 생성함수는

$$(1+x+x^2+\ldots+x^{10})(1+x+x^2+\ldots)^6$$

$$f(x)=(1-x)^{-7},\ g(x)=1-x^{11}$$

라 놓고 항등식 (4-10)을 이용하여 전개하면

$$f(x)=(1-x)^{-7}=1+\binom{1+7-1}{1}x+\binom{2+7-1}{2}x^2+\ldots+\binom{r+7-1}{r}x^r+\ldots$$

우리가 원하는 것은 $h(x)=f(x)g(x)$에서 x^{25}(사탕이 25개 있으므로)의 계수다. 항등식(4-11)을 이용하면 구하는 값은

$$a_{25}b_0+a_{14}b_{11}=\binom{25+7-1}{14}\cdot 1+\binom{14+7-1}{14}\cdot(-1)$$

$$=\binom{31}{25}-\binom{20}{14}$$

■

이 답을 조합론 적으로 해석하면 다음과 같다. 우선 25개의 사탕을 아무런 제한 없이 7명의 어린이에게 나누어주면 모두 $C(25+7-1, 25)$가지 방법이 있는데 문제의 조건에 어긋나는 경우(첫 번째 어린이가 11개 이상의 사탕을 받은 경우)를 빼면 우리가 원하는 답이 된다. 조건에 어긋나는 경우의 수를 구하려면 첫 번째 어린이에게 우선 11개의 사탕을 주고 남은 사탕을 제한 없이 나누어주는 가짓수를 세면된다. 이런 가짓수는 $C((25-11)+7-1, (25-11))$이므로 생성함수로 구한 답과 같다. 다시 한 번 생성함수가 자동적으로 이러한 조합론적인 추론을 대신해 준 경우를 보았다.

예제 4-23

7가지 색깔의 공이 있다. 각 색깔별로 2개 이상 6이하를 선택하되 모두 25개의 공을 고르는 방법의 수를 구하여라.

풀이 각 색깔별 공을 고르는 생성함수는 $x^2+x^3+x^4+x^5+x^6$ 이므로 전체 생성함수는

$f(x)=(x^2+x^3+x^4+x^5+x^6)^7$

여기서 x^{25}의 계수를 구하는 것이다. 식을 정리하면

$x^2(1+x+x^2+x^3+x^4)]^7=x^{14}(1+x+x^2+x^3+x^4)^7$

$$(1+x+x^2+x^3+x^4)^7=\left(\frac{1-x^5}{1-x}\right)=(1-x)^{-7}\cdot(1-x^5)^7$$

$$(1-x)^{-7}=1+\binom{1+7-1}{1}x+\binom{2+7-1}{2}x^2+\cdots+\binom{r+7-1}{r}x^r+\cdots$$

$$(1-x^5)^7=1-\binom{7}{1}x^5+\binom{7}{2}x^{10}-\cdots+(-1)^r\binom{7}{r}x^{5r}+\cdots-\binom{7}{7}x^{35}$$

x^{11}의 계수는

$$\binom{1+7-1}{1}\cdot\binom{7}{2}+\binom{6+7-1}{6}\cdot(-1)\binom{7}{1}+\binom{11+7-1}{11}\cdot 1$$

$$=\binom{7}{1}\binom{7}{2}-\binom{12}{6}\binom{7}{1}+\binom{17}{11}$$

이 문제는 포함배제의 원리를 써서 풀 수도 있다. 그러나 생성함수를 이용하면 간단한 계산으로 답을 구할 수 있다.

■

다음에는 x^r의 계수가 r의 함수로 주어진 경우 생성함수 $f(x)$를 구하는 방법을 생각해보자. 예를 들어 x^r의 계수가 모두 1인 생성함수는

$$f(x)=\frac{1}{1-x}=1+x+x^2+\cdots+x^r+\cdots.$$

이제 양변을 미분하면

$$\frac{d}{dx}\left(\frac{1}{1-x}\right)=\frac{1}{(1-x)^2}$$

$$=1+2x+3x^2+\cdots+rx^{r-1}+\cdots$$

양변에 x를 곱하면

$$\frac{x}{(1-x)^2}=1x+2x^2+3x^{3\cdots}+rx^r+\cdots \tag{4-12}$$

따라서 x^r의 계수가 r인 생성함수를 구하였다. 만약 식 (4-12)을 다시 한 번 미분하고

x를 양변에 곱하면 x^r의 계수가 r^2인 생성함수를 다음과 같이 구할 수 있다.

$$\frac{x(1+x)}{(1-x)^3} = 1^2x + 2^2x^2 + 3^2x^{3\cdots} + r^2x^r + \cdots \quad (4\text{-}13)$$

이 식의 우변에 $x=1$을 대입하면 정수의 제곱의 합을 구할 수 있는 듯하다. 그러나 이 멱급수는 $x=1$일 때 수렴하지 않아 좌변을 구할 수 없다. 그렇다면 주어진 생성함수의 계수 합을 구하는 공식을 생각해보자.

생성함수 $f(x) = a_0 + a_1x + a_2x^2 + \ldots + a_nx^n + \ldots$가 주어졌을 때 이것의 계수 합에 대한 생성함수, 즉

$$f^*(x) = a_0 + (a_0+a_1)x + (a_0+a_1+a_2)x^2 + \ldots + (\sum_{i=0}^{r} a_r)x^r + \ldots$$

을 구해보자. 식 (4-11)에서 $g(x) = \frac{1}{1-x} = 1 + x + x^2 + \cdots + x^r + \cdots$ 라고 하면

$$\begin{aligned} f(x)g(x) &= (a_0 + a_1x + a_2x^2 + \cdots)(1 + x + x^2 + \cdots) \\ &= a_0 + (a_0+a_1)x + (a_0+a_1+a_2)x^2 + \ldots + (\sum_{i=0}^{r} a_r)x^r + \ldots \end{aligned}$$

가 되어 구하는 생성함수는 $f^*(x) = \frac{f(x)}{1-x}$ 임을 알 수 있다. 따라서 다음 정리를 얻는다.

정리 4.5

생성함수 $f(x) = a_0 + a_1x + a_2x^2 + \ldots + a_nx^n + \ldots$가 주어졌을 때 이것의 계수 합에 대한 생성함수는 $f^*(x) = \frac{f(x)}{1-x}$ 이다.

다시 앞의 예로 돌아가서 정수의 제곱의 합을 구하려면 생성함수

$$\frac{x(1+x)}{(1-x)^3} = 1^2x + 2^2x^2 + 3^2x^{3\cdots} + r^2x^r + \cdots$$

의 좌변에 $1/1-x$ 를 곱하고 x^n의 계수를 구하면 된다.

$$\frac{x(1+x)}{(1-x)^4} = \frac{x}{(1-x)^4} + \frac{x^2}{(1-x)^4}$$

이므로 $(1-x)^{-4}$에서 x^{n-1}의 계수와 x^{n-2}의 계수를 구하여 더하면 된다. 따라서 구하

는 합은

$$\binom{(n-1)+4-1}{n-1}+\binom{(n-2)+4-1}{n-2}=\binom{n+2}{3}+\binom{n+1}{3}$$
$$=\frac{n(n+1)(2n+1)}{6}$$

같은 방법으로 자연수의 3제곱의 합을 구하는 공식을 찾을 수 있다.

생성함수의 중요한 응용 중에 하나가 분할(Partition)이다. 정수의 분할과 그것의 생성함수를 알아본다. 3.3절 정의를 다시 한 번 보자.

[정의] 정수의 분할

자연수 n의 분할은 그 합이 n이 되는 자연수의 모임이다. 보통 그 모임을 자연수의 합으로 표시하고 큰 수부터 쓰기로 한다. 그 가짓수를 $p(n)$로 표시하고 분할 수라고 한다.

자연수 n의 분할은 n개의 동일한 물건을 구별할 수 없는 상자에 나누는 것과 같다. 따라서 두개의 분할은 상자에 들어있는 물건의 개수가 서로 다른 경우에 다른 분할이 된다. 이제 정수 n의 분할의 수 $p(n)=a_n$의 생성함수를 만들어보자. 분할은 분할원소 중에 1이 몇 개 있는가, 2가 몇 개 있는가, ... 등으로 구별된다. 하나의 분할을 만들려면 우선 1을 필요한 만큼 선택하고 이어서 2를 필요한 만큼 선택하고, ... n을 필요한 만큼 선택하여 그 합이 n이 되도록 하면 된다. 따라서 생성함수는 다음과 같다.

$$P_n(x)=(1+x+x^2+x^3+\cdots)(1+x^2+x^4+x^6+\cdots)(1+x^3+x^6+\cdots)\cdots$$
$$\cdots(1+x^n+x^{2n}+x^{3n}+\cdots)$$
$$=\frac{1}{1-x}\cdot\frac{1}{1-x^2}\cdot\frac{1}{1-x^3}\cdots\frac{1}{1-x^n}$$
$$=\prod_{i=1}^{n}\frac{1}{1-x^i}$$

$p(n)$을 구하려면 위의 생성함수에서 x^n의 계수를 구하면 된다.(불행하게도 일반적인 계수를 구하는 공식은 없다.) 정수 n이 무한히 커질 수 있으므로 위의 곱을 무한 곱으로 확장하면 다음 정리를 얻는다.

정리 4.6

자연수의 분할 수를 구하는 생성함수는

$$\prod_{i=1}^{\infty} \frac{1}{1-x^i}$$

예제 4-24

자연수 n을 서로 다른 자연수들의 합으로 표현하는 방법의 수를 a_n 이라 할 때 이것의 생성함수를 구하여라.

풀이 한번 쓴 자연수는 다시 쓸 수 없으므로 모든 자연수는 쓰이든가 쓰이지 않든가 두 가지의 경우만 가능하다. 따라서 구하는 생성함수는

$f(x) = (1+x)(1+x^2)(1+x^3)\cdots(1+x^i)\cdots$

■

일반적인 분할 수는 구하기 어렵지만 적당한 조건을 준다면 분할 수를 구할 수도 있다.

예제 4-25

자연수 n을 3이하의 자연수의 합으로 나타내는 방법의 수 a_n을 구하여라.

풀이 생성함수는

$$\begin{aligned} g(x) &= (1+x+x^2+\cdots)(1+x^2+x^4+\cdots)(1+x^3+x^6+\cdots) \\ &= \frac{1}{1-x}\frac{1}{1-x^2}\frac{1}{1-x^3} \\ &= \frac{1}{(1-x)^3}\frac{1}{1+x}\frac{1}{1+x+x^2} \end{aligned}$$

부분분수로 나누기 위해 $\omega = e^{2\pi i/3}$으로 놓으면

$$\frac{1}{(1-x)^3}\frac{1}{1+x}\frac{1}{1+x+x^2}$$

$$=\frac{1}{(1-x)^3}\frac{1}{1+x}\frac{1}{1-\omega x}\frac{1}{1-\omega^2 x}$$

$$=\frac{A}{1-x}+\frac{B}{(1-x)^2}+\frac{C}{(1-x)^3}+\frac{D}{1+x}+\frac{E}{1-\omega x}+\frac{F}{1-\omega^2 x}$$

여기서 상수를 구하면

$$A=\frac{17}{72},\ B=\frac{1}{4},\ C=\frac{1}{6},\ D=\frac{1}{8},\ E=\frac{1}{9},\ F=\frac{1}{9}$$

따라서

$$g(x)=\sum_{n=0}^{\infty}\left(\frac{17}{72}+\frac{1}{4}H(2,\ n)+\frac{1}{6}H(3,\ n)+\frac{1}{8}(-1)^n+\frac{1}{9}\omega^n+\frac{1}{9}\omega^{2n}\right)x^n$$

$$=\sum_{n=0}^{\infty}\left(\frac{17}{72}+\frac{n+1}{4}+\frac{(n+1)(n+2)}{12}+\frac{1}{8}(-1)^n+\frac{1}{9}\delta_n\right)x^n$$

단 $\delta_n=\omega^n+\omega^{2n}=\begin{cases}2 & n\equiv 0\pmod 3\\ -1 & n\not\equiv 0\pmod 3\end{cases}$

그러므로

$$a_n=\frac{17}{72}+\frac{n+1}{4}+\frac{(n+1)(n+2)}{12}+\frac{1}{8}(-1)^n+\frac{1}{9}\delta_n$$

■

분할에 들어간 분할원소의 수를 제한하면 어떤 결과를 얻을 수 있는지 알아보자 정수 n의 분할 중에서 분할원소의 수가 k개 이하인 것의 개수를 $p_k(n)$이라 하자. 모든 정수 n은 그 자신이 하나의 분할이므로 $p_1(n)=1$이다. 분할원소가 n개인 분할은 한가지 밖에 없고 분할원소의 개수가 n개 이상인 것은 없으므로 $p_n(n)=1+p_{n-1}(n)$이다. 또한 $k\geq n$이면 $p_k(n)=p_n(n)$ 이다.

정리 4.7

$1<k<n$일 때 $p_k(n)=p_{k-1}(n)+p_k(n-k)$이다.

증명 정수 n을 k개 이하의 분할원소로 분할하는 가짓수는 $p_k(n)$개다. 이것들을 다음과 같이 두개의 그룹으로 나눈다.

1. 정확하게 k개의 분할원소로 분할된 것
2. k개 미만의 분할원소로 분할된 것

정의에 따라 2번 그룹의 개수는 $p_{k-1}(n)$이므로 1번 그룹의 원소가 $p_k(n-k)$임을 보이면 된다. 이를 위해 정수 n을 정확하게 k개의 분할원소로 분할하는 것과 정수 $n-k$를 k개 이하의 분할원소로 분할하는 것 사이에 1대1 대응이 성립함을 보인다. n을 k개의 분할원소로 분할한 것이 있다면 각 분할원소에서 1을 뺀다. 그 결과 분할원소의 개수는 k개 이하이고 합은 $n-k$인 분할을 얻는다. 역으로 $n-k$를 k개 이하의 분할원소로 분할 한 것이 있다면 k개의 1을 가지고 각 분할원소에 1을 더한 뒤 남은 1을 각각 분할원소라 하면 정수 n을 정확히 k개 분할원소로 분할한 것이 된다. 따라서 원하는 1대1 대응이 성립하여 증명되었다.

정리 4.7을 이용하여 $p_k(n)$의 값을 구해보면 다음과 같은 표를 얻는다.

〈표 4-1〉 $p_k(n)$

	$k=1$	$k=2$	$k=3$	$k=4$	$k=5$	$k=6$
$n=1$	1	1	1	1	1	1
$n=2$	1	2	2	2	2	2
$n=3$	1	2	3	3	3	3
$n=4$	1	3	4	5	5	5
$n=5$	1	3	5	6	7	7
$n=6$	1	4	7	9	10	11

예제 4-26

사과 10개를 동일한 접시 4개에 나누어 담는 가짓수를 구하여라. 단 빈 접시가 있으면 안 된다.

풀이 $p_k(n)-p_{k-1}(n)$는 자연수 n의 분할 중에 분할 원소가 k개인 것의 개수다. 3.3절에서 이것을 $p(n,\ k)$로 쓰기로 하였다. 정리 4.7의 등식을 이용하면
$p(n,\ k)=p_k(n)-p_{k-1}(n)=p_k(n-k)$.

따라서 나누어 담는 가짓수는
$p(10, 4) = p_4(6) = 9$

■

정리 4.7은 근본적으로는 정리 3.11과 동치이고 표 4-1도 표 3-1과 근본적으로는 같은 것이다. 그러나 예제 4-26의 경우 $p(10,4)$ 값을 표 3-1에서 구하는 것보다는 표 4-1에서 $p_4(6)$을 구하는 것이 더 쉽다.

분할을 연구하는 편리한 도구로 페러즈 다이어그램(Ferrers Diagram)이 있다. 정수 n을 k개의 분할원소로 분할한 것을 k개의 작은 정사각형들로 이루어진 행으로 표시되며 각 행에 있는 정사각형의 개수는 분할원소의 크기다. 보통 크기가 감소하는 순으로 나열한다. 예를 들어 18의 분할 중에 $5+4+4+2+1+1+1$은 그림 4-1의 (a)에 해당한다. 만약 페러즈 다이어그램의 행과 열을 바꾸면 또 다른 페러즈 다이어그램이 되는데 이것을 원래 페러즈 다이어그램의 켤레 페러즈 다이어그램이라 부른다. 그림 4-1(b)는 4-1(a)의 켤레 페러즈 다이어그램이다.

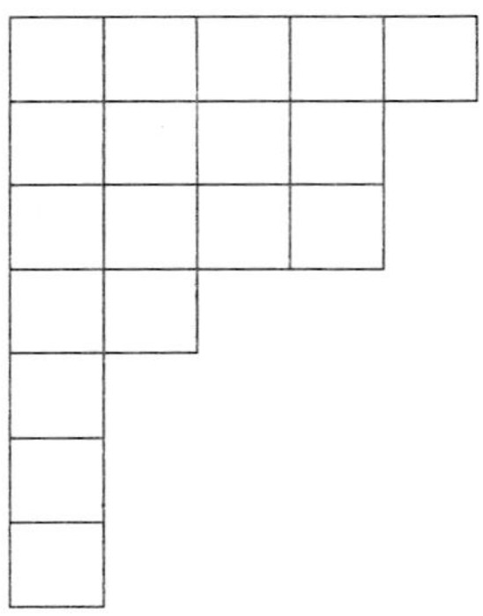

[그림 4-1] (a)

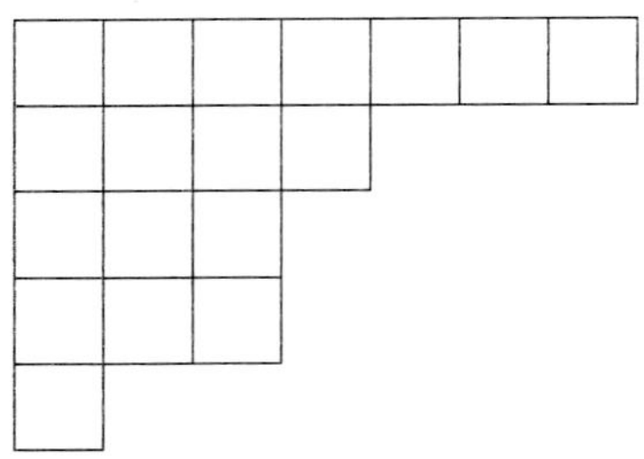

[그림 4-1] (b)

정리 4.8

분할원소의 개수가 k이하인 n의 분할의 수는 분할원소의 최대크기가 k이하인 분할의 수와 같다.

증명 k이하의 분할원소를 갖는 분할의 페러즈 다이어그램은 행의 수가 k이하다. 이것의 켤레 페러즈 다이어그램은 가장 긴 열이 k이하인데 이것은 각 분할원소의 크기가 k이하란 뜻이다. 페러즈 다이어그램과 켤레 페러즈 다이어그램은 1대 1대응하므로 두 가지 분할은 같은 개수다.

연습문제 4.3 Exercises

1. 다음 방정식의 정수해의 개수를 구하는 생성함수를 만들어라.

(1) $e_1+e_2+e_3+e_4=r$ (단, $0 \le e_i$)

(2) $e_1+e_2+e_3+e_4=r$ (단, $2 \le e_i \le 8$, e_1 : 홀수, e_2 : 짝수)

(3) $e_1+e_2+e_3+e_4+e_5=r$ (단, $0 \le e_i \le 4$)

2. $(x^2+x^3+x^4\cdots)^5$에서 x^r의 계수를 구하여라.

3. $(x+x^2+x^3+x^4+x^5)(x^2+x^3+x^4+\cdots)^5$에서 x^{20}의 계수를 구하여라.

4. $(1+x^2+x^4+\cdots)^3(1+x+x^3)^5$에서 x^{10}의 계수를 구하여라.

5. 다음에서 x^{12}의 계수를 구하여라.

(1) $\dfrac{x^2-3x}{(1-x)^4}$ (2) $\dfrac{1-x}{1-x-2x^2}$

6. 아래의 주어진 대상으로부터 n개를 선택하는 방법 수를 제 n항으로 하는 수열의 생성함수를 구하여라.

(1) 4개의 귤, 6개의 사과, 그리고 5개의 배.

(2) 5개의 귤, 4개의 사과, 그리고 10개의 배. 단, 각각의 과일이 적어도 1개 이상 선택되어야 한다.

(3) 귤, 사과, 배, 감, 파이애플이 무한히 많이 있다.

7. n개의 공을 서로 다른 5개의 통에 넣되 다음과 같이 넣는 방법 수를 제n항으로 하는 수열의 생성함수를 구하여라.

(1) 아무런 제약이 없음

(2) 각 통에 1개 이상의 공이 들어가도록 분배한다.

(3) 정확하게 2개의 통에 공이 들어가지 않도록 분배한다.

8. 5종류의 아이스크림이 있다. r개의 아이스크림을 선택하는 방법의 수를 나타내는 생성함수를 구하여라.

9. 다음과 같이 r개의 동일한 공을 분배하는 방법의 수 a_r에 대한 생성함수를 만들어라.
(1) 서로 다른 7개의 상자에 각각 적어도 하나의 공을 넣는다.
(2) 서로 다른 6개의 상자에 각각 4개 이하의 공을 넣는다.
(3) 서로 다른 4개의 상자에 각각 5개 이상의 공을 넣는다.
(4) 서로 다른 5개의 상자에 각각 3개 이상 7개 이하의 공을 넣는다.

10. 파란색, 노란색, 빨간색, 검은색 공이 큰 더미를 이루고 있다. 이 중에서 10개를 선택하는 방법의 수를 생성함수를 이용하여 찾아라.
(1) 각각의 색상을 적어도 1개 이상 선택하는 방법
(2) 빨간색 공은 많아야 3개를 선택하는 방법
(3) 파란색 공은 짝수로만 선택하는 방법

11. 6개의 주사위를 굴렸을 때, 그 눈의 합이 20이 되는 방법의 수를 생성함수를 이용하여 구하여라.

12. $\{1, 2, \cdots, n\}$으로부터 연속하는 두 정수가 선택되지 않도록 하여 다섯 개의 정수를 선택하는 방법의 수를 생성함수를 이용하여 모형화하라.

13. 생성함수를 이용하여 다음 합을 구하여라.
(1) $0+1+2+\cdots+n$
(2) $0+3+12+\cdots+3n^2$
(3) $7+10+\cdots+(3n+7)$
(4) $4\cdot3\cdot2\cdot1+5\cdot4\cdot3\cdot2+\cdots+n(n-1)(n-2)(n-3)$

14. n개의 주사위를 던질 때, 합이 r로 나타날 경우의 수를 a_r이라고 할 때 a_r에 관한 생성함수를 찾아라.

15. 1부터 n 까지 정수에서 5개의 수를 선택하는데 임의의 두 수의 차가 최소 3이 되도록 선택하는 방법의 수를 a_n 이라하자. a_n 의 생성함수를 구하고 a_{25} 의 값을 구하시오.

16. a_r 이 아래와 같을 때, 그의 생성함수를 찾아라.

(1) r (2) 13

(3) $3r^2$ (4) $3r+7$

17. 분할이 다음과 같은 특징이 있을 때, 정수 r의 분할의 수에 대해 생성함수를 찾아라.

(1) 분할원소가 짝수인 분할

(2) 분할 원소가 서로 다른 홀수의 분할

18. 분할 원소로써 같은 정수가 3번 이하만 사용 할 수 있는 분할의 수에 관한 생성함수를 구하여라.

19. $n-1$의 분할 수는 n의 분할 중에 가장 작은 분할 원소가 1인 분할 수와 같음을 보여라.

20. n의 분할 중에 정확하게 k개의 분할원소를 갖는 분할의 개수는 분할원소의 최대크기가 k인 분할의 개수와 같음을 보여라.

21. n의 분할 중에 모든 분할원소가 3의 배수가 아닌 분할의 개수는 n의 분할 중에 모든 분할원소가 최대 2번 중복되어 나오는 분할의 개수와 같음을 보여라.

22. 어떤 정수 r의 분할 중에서 짝수들의 합으로 된 분할의 수와 같은 수가 짝수 번 반복하여 나타나는 분할의 수는 같음을 페러즈 다이어그램을 사용하여 증명하라.

23. 켤레 페러즈 다이어그램이 원래 페러즈 다이어그램과 동일한 분할을 자기동형분할이라 한다. 정수 r의 모든 자기동형분할의 개수는 정수 r을 서로 다른 홀수들로 분할한 분할의 가짓수와 같음을 보여라.

4.4 지수생성함수

지수생성함수(Exponential Generating Function)는 중복순열 중에서 중복수에 제한이 있는 문제, 서로 다른 물건을 분배하는 문제 등의 해를 구하는 데 쓰인다. 보통의 생성함수와 달리 순서가 중요한 배열의 수를 계산하는 데 유용하게 쓸 수 있다.

[정의] 지수생성함수

수열 $A=(a_0, a_1, a_2, \cdots, a_n, \cdots)$ 가 주어졌을 때 이 수열의 지수생성함수를 다음의 멱급수로 정의한다.

$$E(x)=a_0+a_1x+\frac{a_2x^2}{2!}+\cdots+\frac{a_nx^n}{n!}+\cdots$$

예제 4-27

n이 양의 정수일 때 수열 $P(n,0), P(n,1), P(n,2), \dots$의 지수생성함수를 구하여라.

풀이 $P(n,k)=n(n-1)(n-2)\cdots(n-k+1)$, $0<k\le n$이고

$k>n$이면 $P(n,k)=0$이므로 지수생성함수는

$$\begin{aligned}E(x)&=1+nx+\frac{n(n-1)}{2!}x^2+\cdots+\frac{n(n-1)\cdots(n-k+1)}{k!}x^k+\cdots+\frac{n!}{n!}x^n\\&=\sum_{k=0}^{n}\binom{n}{k}x^k=(1+x)^n\end{aligned}$$

■

그러면 제한된 중복순열의 개수를 구하는데 지수생성함수가 어떻게 쓰이는지 예를 통해 알아보기로 하자.

알파벳 a, b, c를 중복 사용하여 길이 4인 문자열을 만드는 문제를 생각하자. 아무런 제한이 없다면 그 가짓수는 $3^4=81$가지다. 만약 문자열에 a가 적어도 2번 포함되어야 한다면 그 가짓수를 세기는 간단치 않다. 먼저 a가 2번 이상 들어가는 다중집합을 모두

구하면 다음과 같다.

$$\{a, a, a, a\},\ \ \{a, a, a, b\},\ \ \{a, a, a, c\}$$

$$\{a, a, b,\ b\},\ \ \{a, a, b, c\},\ \ \{a, a, c, c\}$$

이상의 6개 다중집합에 대해서 중복순열의 개수를 각각 구하면 다음과 같다.

$$\frac{4!}{4!0!0!},\ \frac{4!}{3!1!0!},\ \frac{4!}{3!0!1!},$$

$$\frac{4!}{2!2!0!},\ \frac{4!}{2!1!1!},\ \frac{4!}{2!0!2!},$$

따라서 구하는 가짓수는 이들의 합이 될 것이다. 어떻게 생성함수가 복잡한 계산을 대신해줄 수 있는지 알아보자. 먼저 a가 2번 이상 들어가는 다중집합의 개수는 다음 방정식의 정수해의 개수와 같다.

$$e_1 + e_2 + e_3 = 4 \ (\text{단 } 2 \le e_1,\ 0 \le e_2, e_3)$$

이 방정식의 6개 정수해에 해당하는 다중집합을 이미 앞에서 구한 바 있다. 우리가 구하려는 것은 정수해의 개수가 아니라 각 정수해에 해당하는 다중집합에서 만들 수 있는 중복순열의 개수이므로 하나의 정수해 e_1, e_2, e_3에 대해서 $4!/e_1!e_2!e_3!$ 을 계산해야한다. 일반생성함수를 이용하여 이 방정식의 정수해 개수를 구한다는 것은 지수의 합이 4가 되는 모든 경우의 곱 $x^{e_1}x^{e_2}x^{e_3}$ $(e_1 \ge 2)$의 개수를 구하는 것이다.(즉 x^4의 계수를 구한다) 그러나 우리에게 필요한 것은 다음과 같은 모든 곱의 계수의 합을 구하는 것이다.

$$\frac{(e_1 + e_2 + e_3)!}{e_1!e_2!e_3!}x^{e_1}x^{e_2}x^{e_3}, \quad (e_i \ge 2,\ e_1 + e_2 + e_3 = 4)$$

이제 다음 함수의 전개식을 구해보자.

$$E(x) = \left(\frac{x^2}{2!} + \frac{x^3}{3!} + \frac{x^4}{4!} + \cdots\right)\left(1 + x + \frac{x^2}{2!} + \frac{x^3}{3!} + \cdots\right)^2$$

$$E(x) = \sum \frac{x^r}{e_1!e_2!e_3!} = \sum \frac{r!}{e_1!e_2!e_3!}\frac{x^r}{r!}$$

(합은 $e_1 + e_2 + e_3 = r$, $2 \le e_1$, $0 \le e_2, e_3$ 을 만족하는 모든 경우)

위 함수의 전개식에서 $x^4/4!$의 계수는 $e_1 + e_2 + e_3 = 4$ (단 $2 \le e_1$, $0 \le e_2, e_3$)을 만족하는 모든 중복순열의 개수이므로 우리가 원하는 합은 함수 $E(x)$에서 $x^4/4!$의 계수임을 알 수 있다.

예제 4-28

4가지 물건을 중복하여 r개를 나열하되 각 물건은 최소 2회 최대 5회 중복가능하다면 이런 나열의 가짓수 a_r에 대한 생성함수를 구하여라.

풀이 i번 째 물건을 e_i개 사용한 나열의 개수가 $r!/e_1!e_2!e_3!e_4!$ $(2 \le e_i \le 5)$이므로 조건을 만족하는 모든 나열의 개수는 다항식

$$E(x) = \left(\frac{x^2}{2!} + \frac{x^3}{3!} + \frac{x^4}{4!} + \frac{x^5}{5!}\right)^4$$

에서 $x^r/r!$의 계수다. 따라서 구하는 생성함수는 $E(x)$이다.

일반적으로 지수함수의 곱을 구하기는 어렵다. 그러나 다음 몇 가지 항등식은 지수생성함수를 이용하는데 아주 유용하게 쓰인다.

$$e^x = 1 + x + \frac{x^2}{2!} + \frac{x^3}{3!} + \cdots + \frac{x^r}{r!} + \cdots \tag{4-14}$$

$$e^{nx} = 1 + nx + n^2\frac{x^2}{2!} + n^3\frac{x^3}{3!} + \cdots + n^r\frac{x^r}{r!} + \cdots \tag{4-15}$$

$$\frac{1}{2}(e^x + e^{-x}) = 1 + \frac{x^2}{2!} + \frac{x^4}{4!} + \frac{x^6}{6!} + \cdots \tag{4-16}$$

$$\frac{1}{2}(e^x - e^{-x}) = x + \frac{x^3}{3!} + \frac{x^5}{5!} + \frac{x^7}{7!} + \cdots \tag{4-17}$$

예제 4-29

25명의 사람을 3개의 방에 배치하되 각 방에 적어도 1명이 들어가도록 하는 방법의 수를 구하여라.

풀이 사람은 서로 구별되므로 모든 사람을 일렬로 세운 뒤 배치된 방의 번호를 하나씩 부여한다고 생각하면 된다. 결국 1, 2, 3을 중복하여 25번 나열하되 각 번호가 적어도 1번 나오게 하는 중복순열의 개수를 구하는 문제이고 이것의 생성함수는

$$(x + \frac{x^2}{2!} + \frac{x^3}{3!} + \cdots)^3 = (e^x - 1)^3$$

$x^r/r!$의 계수를 구하기 위해 우변을 전개하면

$$(e^x-1)^3 = e^{3x} - 3e^{2x} + 3e^x - 1$$
$$= \sum_{r=0}^{\infty} 3^r \frac{x^r}{r!} - 3\sum_{r=0}^{\infty} 2^r \frac{x^r}{r!} + 3\sum_{r=0}^{\infty} \frac{x^r}{r!} - 1$$
$$= \sum_{r=0}^{\infty} (3^r - 3\cdot 2^r + 3)\frac{x^r}{r!} - 1$$

따라서 구하려는 가짓수는 $x^{25}/25!$의 계수 $3^{25} - 3 \cdot 2^{25} + 3$이다.

■

예제 4-30

숫자 1, 3, 5, 7, 9를 써서 만들 수 있는 n자리 수 중, 1과 3이 각각 짝수 번 사용된 것의 개수를 구하여라.

풀이

1과 3의 선택에 대응되는 생성함수는 $1+\frac{x^2}{2!}+\frac{x^4}{4!}+\frac{x^6}{6!}+\cdots$ 이고

나머지 수의 선택에 대응되는 생성함수는 $1+x+\frac{x^2}{2!}+\frac{x^3}{3!}+\cdots$ 이므로 구하는 생성함수는

$$E(x) = \left(1+\frac{x^2}{2!}+\frac{x^4}{4!}+\cdots\right)^2\left(1+x+\frac{x^2}{2!}+\cdots\right)^3$$
$$= \left(\frac{e^x+e^{-x}}{2}\right)^2 e^{3x}$$
$$= \frac{1}{4}(e^{5x}+2e^{3x}+e^x)$$
$$= \frac{1}{4}\left\{\sum_{n=0}^{\infty} 5^n \frac{x^n}{n!} + 2\sum_{n=0}^{\infty} 3^n \frac{x^n}{n!} + \sum_{n=0}^{\infty} \frac{x^n}{n!}\right\}$$
$$= \sum_{n=0}^{\infty} \frac{5^n + 2\cdot 3^n + 1}{4}\frac{x^n}{n!}$$

따라서

$$a_n = \frac{5^n + 2\cdot 3^n + 1}{4}, \quad n = 0, 1, 2, \cdots$$

■

연습문제 4.4 Exercises

1. 5개의 서로 다른 유형의 대상물이 있다. 각 유형으로부터 많아야 5개를 선택할 수 있을 때, r개의 대상물을 선택하여 나열하는 방법의 수에 대한 지수생성함수를 찾아라.

2. 각 방에 2명에서 4명을 넣을 수 있는 6개의 서로 다른 방이 있다. r명을 분배하는 방법의 수에 대한 지수생성함수를 구하여라.

3. 알파벳의 자음은 반복해서 사용할 수 있고, 모음은 반복하여 사용할 수 없을 때, r문자로 된 서로 다른 단어의 수 a_r에 대한 지수생성함수를 찾아라.

4. n개의 서로 다른 상자가 있다. 각 상자에 적어도 한 개 이상 넣도록 하여, r개의 서로 다른 대상물을 분배하는 방법의 수를 $S_{n,r}$로 쓰기로 하자.

(1) n을 고정된 상수라 생각하고 $S_{n,r}$에 대한 지수생성함수를 찾아라.

(2) $S_{n,r}$의 값을 구하여라.($S_{n,r}/n!$이 스털링 수다.)

5. 52개로 된 카드 한 벌에서 그림은 무시하고 카드에 적힌 숫자로만 구별할 때, 13개의 카드를 취하는 방법의 수를 생성함수를 이용하여 찾아라.

6. a_r이 아래와 같을 때 그 지수 생성함수를 찾아라.

(1) $a_r = 1/(r+1)$　　　　(2) $a_r = r!$

7. 10원짜리, 50원짜리, 100원짜리, 500원짜리 동전이 있다. 10원짜리는 적어도 한 개 이상, 500원짜리는 홀수 개만 택하여 만든 $r-$순열의 개수는 몇 가지인가?

8. (1) 문자 r, s, t, q를 많아야 한번 사용하여 10문자로 된 단어를 만들 때 나타나는 가짓수는?

(2) 문자 r, s, t, q를 적어도 한번 이상 사용하여 10문자로 된 단어를 만들 때 나타나는 가짓수는?

9. 0, 1, 2, 3을 이용하여 r자리 숫자를 만들려고 한다. 0과 1을 합하여 짝수 번만 사용하여 만든 r자리 숫자의 수를 구하여라.

10. $g(x)$가 a_r에 대한 지수생성함수이고 $g^{(k)}(x)$가 $g(x)$의 k번째 도함수일 때, $g^{(k)}(0) = a_k$임을 보여라.

11. 8개의 서로 다른 인형을 4명의 아이들에게 분배하려고 한다. 첫 번째 아이에게는 인형을 적어도 2개 이상 주어서 분배하는 방법은 얼마나 되는가?

12. 만약 $f(x) = \sum_{r=0}^{\infty} a_r \frac{x^r}{r!}$, $g(x) = \sum_{r=0}^{\infty} b_r \frac{x^r}{r!}$ 이고

$h(x) = f(x)g(x) = \sum_{r=0}^{\infty} c_r \frac{x^r}{r!}$ 일 때,

$$c_r = \sum_{k=0}^{r} \binom{r}{k} a_k b_{r-k}$$

임을 보여라.

13. 정수 n의 순서 있는 분할의 개수를 구하는 지수생성함수를 구하시오. (2-3절 연습문제 17 참조)

14. 네 명의 아이에게 개의 서로 다른 장난감을 나누어 주되, 첫 번째 아이는 1개 이상, 두 번째 아이는 2개 이상 주는 방법의 수를 구하여라.

15. 6명을 4개의 방에 다음과 같이 배치하는 방법 수를 구하여라.

(1) 각 방에 1명 이상 배치한다.

(2) 특정한 2개의 방에는 각각 1명 이상씩 배치한다.

4.5 생성함수를 이용한 점화식의 해

점화식의 해를 구하는 방법으로 생성함수를 포함하는 함수방정식을 이용하는 방법이 있다. 먼저 함수방정식을 어떻게 푸는지 예를 들어 보기로 하자. 함수방정식 $f(x)=x^2f(x)-2x$ 에서 $f(x)$를 구하려면 $f(x)$를 하나의 변수로 보고 $f(x)$에 관한 1차방정식을 푼다. 즉 $(1-x^2)f(x)=-2x$. 따라서

$$f(x)=-\frac{2x}{(1-x^2)}$$

$f(x)$에 관한 2차방정식인 경우도 보통의 2차방정식을 푸는 방법과 동일하게 풀 수 있다. 예를 들어 함수방정식$(1-x^2)[f(x)]^2-4xf(x)+4x^2=0$의 해를 구하기 위해 2차방정식 근의 공식을 적용하면

$$\begin{aligned} f(x) &= \frac{4x \pm \sqrt{16x^2-16x^2(1-x^2)}}{2(1-x^2)} \\ &= \frac{4x \pm 4x^2}{2(1-x^2)} \end{aligned}$$

따라서 $f(x)=\dfrac{2(x+x^2)}{(1-x^2)}$ 또는 $f(x)=\dfrac{2(x-x^2)}{(1-x^2)}$이다.

이제 점화식에서 함수방정식을 만드는 과정을 알아보자.

예제 4-31

점화식 $a_n=a_{n-1}+n,\ a_0=1$의 해를 생성함수를 이용하여 구하여라.

풀이 점화식의 해가 수열 $A=(a_o, a_1, a_2, \cdots, a_n, \cdots)$이고 이것의 생성함수를

$f(x)=a_0+a_1x+a_2x^2+\cdots+a_ix^i+\cdots$

라 하면 주어진 점화식의 조건에서 일반적으로

$$\begin{aligned} a_nx^n &= (a_{n-1}+n)x^n \\ &= a_{n-1}x^n+nx^n,\ n \geq 1. \end{aligned}$$

이 성립한다. 따라서 다음과 같은 식을 얻는다.

$$
\begin{aligned}
f(x) - a_0 &= \sum_{n=1}^{\infty} a_n x^n \\
&= \sum_{n=1}^{\infty} (a_{n-1} x^n + n x^n) \\
&= x \sum_{n=1}^{\infty} a_{n-1} x^{n-1} + \sum_{n=1}^{\infty} n x^n \\
&= x \sum_{m=0}^{\infty} a_m x^m + \sum_{n=1}^{\infty} n x^n \\
&= x f(x) + \frac{x}{(1-x)^2}
\end{aligned}
$$

이 식에 $a_0 = 1$을 대입하고 정리하면

$$
\begin{aligned}
f(x) - x f(x) &= 1 + \frac{x}{(1-x)^2} \\
f(x) &= \frac{1}{1-x} + \frac{x}{(1-x)^3}
\end{aligned}
$$

우변 $1/(1-x)$에서 x^n의 계수는 1이고 $1/(1-x)^3$에서 x^{n-1}의 계수는

$$\binom{(n-1)+3-1}{n-1} = \binom{n+1}{n-1} = \binom{n+1}{2}$$

따라서

$$
\begin{aligned}
f(x) &= \sum_{n=0}^{\infty} 1 x^n + \sum_{n=0}^{\infty} \binom{n+1}{2} x^n \\
&= \sum_{n=0}^{\infty} [1 + \binom{n+1}{2}] x^n
\end{aligned}
$$

이고 일반항 $a_n = 1 + \binom{n+1}{2} = 1 + \frac{n(n+1)}{2}$을 얻는다. 이것은 예제 4-12에서 구한 답과 같다.

■

예제 4-32

피보나치수열의 점화식은 $a_n = a_{n-1} + a_{n-2}$이고 초기조건은 $a_0 = 0, a_1 = 1$이다. 이 점화식의 해를 생성함수를 이용하여 구하여라.

풀이 앞의 예와 마찬가지로 수열의 생성함수를

$f(x) = a_0 + a_1 x + a_2 x^2 + \ldots + a_i x^i + \ldots$라 하면

$$\begin{aligned} f(x)-a_0-a_1x &= \sum_{n=2}^{\infty} a_n x^n \\ &= \sum_{n=2}^{\infty}(a_{n-1}x^n + a_{n-2}x^n) \\ &= x\sum_{n=2}^{\infty} a_{n-1}x^{n-1} + x^2\sum_{n=2}^{\infty} a_{n-2}x^{n-2} \\ &= x\sum_{m=1}^{\infty} a_m x^m + x^2\sum_{k=0}^{\infty} a_k x^k \\ &= x(f(x)-a_o) + x^2 f(x) \end{aligned}$$

$a_0 = 1$, $a_1 = 1$을 대입하면 다음의 함수방정식을 얻는다.

$$f(x)-1-x = x(f(x)-1)+x^2 f(x)$$

정리하면

$$f(x) = \frac{1}{1-x-x^2}$$

함수의 분모가 특성방정식과 연관되어있음에 주목하자. 일반적으로 동차점화식의 특성방정식이 $x^r + c_1x^{r-1} + c_2x^{r-2} + \cdots + c_r = 0$라면 생성함수 $f(x)$의 분모는 $1 + c_1x + c_2x^2 + \cdots + c_rx^r$이고 α가 특성방정식의 근이면 $(1-\alpha x)$가 생성함수 분모의 인자가 된다. $f(x)$의 분모를 인수분해하면

$$1-x-x^2 = \left\{1-\frac{1+\sqrt{5}}{2}x\right\}\left\{1-\frac{1-\sqrt{5}}{2}x\right\}$$

$\alpha_1 = \dfrac{1+\sqrt{5}}{2}$, $\alpha_2 = \dfrac{1-\sqrt{5}}{2}$라고 하면

$$f(x) = \frac{1}{(1-\alpha_1 x)(1-\alpha_2 x)} = \frac{\alpha_1/\sqrt{5}}{1-\alpha_1 x} - \frac{\alpha_2/\sqrt{5}}{1-\alpha_2 x}$$

우변의 전개식을 구하면

$$\frac{\alpha_1/\sqrt{5}}{1-\alpha_1 x} = \frac{\alpha_1}{\sqrt{5}}\sum_{n=0}^{\infty}\alpha_1^n x^n$$

$$-\frac{\alpha_2/\sqrt{5}}{1-\alpha_2 x} = -\frac{\alpha_2}{\sqrt{5}}\sum_{n=0}^{\infty}\alpha_2^n x^n$$

이 되어

$$\begin{aligned} a_n &= \frac{\alpha_1^{n+1}}{\sqrt{5}} - \frac{\alpha_2^{n+1}}{\sqrt{5}} \\ &= \frac{1}{\sqrt{5}}\left(\frac{1}{2}(1+\sqrt{5})\right)^{n+1} - \frac{1}{\sqrt{5}}\left(\frac{1}{2}(1-\sqrt{5})\right)^{n+1} \end{aligned}$$

이상의 예에서 보면 생성함수를 이용한 점화식의 풀이는 특성방정식을 이용하는 것보다 복잡하다. 그러나 비선형점화식인 경우 생성함수의 사용이 불가피하다.

예제 4-33

점화식 $a_n = a_1 a_{n-1} + a_2 a_{n-2} + \cdots + a_i a_{n-i} + \cdots + a_{n-1} a_1$, $(a_1 = 1,\ a_2 = 1)$의 해를 구하여라.

풀이 편의상 $a_0 = 0$라고 하고 생성함수를 다음과 같이 쓰자.

$$f(x) = a_0 + a_1 x + a_2 x^2 + \cdots + a_n x^n + \cdots$$

$$= 0 + 1x + a_2 x^2 + \cdots + a_n x^n + \cdots$$

$$f(x) f(x) = (0 + 1x + a_2 x^2 + \cdots + a_n x^n + \cdots)^2$$

에서 x^n의 계수는 $(n \geq 2)$

$$a_1 a_{n-1} + a_2 a_{n-2} + \cdots + a_i a_{n-i} + \cdots + a_{n-1} a_1$$

가 되어 다음과 같이 함수관계식을 얻는다.

$$\begin{aligned} f(x) - x &= \sum_{n=2}^{\infty} a_n x^n \\ &= \sum_{n=2}^{\infty} (a_1 a_{n-1} + a_2 a_{n-2} + \cdots + a_{n-1} a_1) x^n \\ &= (f(x))^2 \end{aligned}$$

함수방정식 $[f(x)]^2 - f(x) + x = 0$를 풀면

$$f(x) = \frac{1}{2}(1 \pm \sqrt{1-4x}),$$

$a_0 = 0$ 즉 $f(0) = 0$에서

$$f(x) = \frac{1}{2} - \frac{1}{2}\sqrt{1-4x}$$ 를 얻는다.

이항정리를 이용해서 $\sqrt{1-4x}$ 를 전개하면 x^n의 계수는

$$\binom{1/2}{n}(-4)^n = \frac{\left(\frac{1}{2}\right)\left(-\frac{1}{2}\right)\left(-\frac{3}{2}\right)\cdots\left(-\frac{1}{2}(2n-3)\right)}{n!}(-4)^n$$

$$= \frac{-1\cdot 1\cdot 3\cdot 5\cdots(2n-3)}{n!}2^n$$

$$=-\frac{2}{n}\frac{1\cdot 3\cdot 5\cdot\cdots(2n-3)}{(n-1)!}\frac{2\cdot 4\cdot 6\cdot\cdots 2(n-1)}{1\cdot 2\cdot 3\cdot\cdots(n-1)}$$

$$=-\frac{2}{n}\binom{2n-2}{n-1}$$

$f(x)=\frac{1}{2}-\frac{1}{2}\sqrt{1-4x}$ 에서 x^n의 계수는

$$a_n=\frac{1}{n}\binom{2n-2}{n-1},\ n\geq 1$$

여기서 구한 $\frac{1}{n}\binom{2n-2}{n-1}$ 은 조합수학 여러 곳에 등장하는 유명한 수로 카탈란 수 (Catalan number)라 부른다.

■

예제 4-34

다음 연립점화식의 해를 구하여라. (예제 4-5)

$$a_n = b_{n-1}+c_{n-1}+a_{n-1}$$
$$b_n = 3^{n-1}-c_{n-1}$$
$$c_n = 3^{n-1}-b_{n-1}$$
$$a_1 = b_1 = c_1 = 1$$

풀이 점화식의 초기조건을 이용하여 a_0, b_0, c_0를 구해보면 $1=b_1=3^0-c_0$, 즉 $c_0=0$. 같은 방법으로 $b_0=0, a_0=1$를 구할 수 있다.

$A(x)$, $B(x)$, $C(x)$를 각각 a_n, b_n, c_n에 대한 생성함수라 하고 다음과 같이 함수 방정식을 구한다.

$$A(x)-a_0 = \sum_{n=1}^{\infty}a_n x^n$$
$$= \sum_{n=1}^{\infty}a_{n-1}x^n+\sum_{n=1}^{\infty}b_{n-1}x^n+\sum_{n=1}^{\infty}c_{n-1}x^n$$

$$= xA(x) + xB(x) + xC(x)$$

$$B(x) - b_0 = \sum_{n=1}^{\infty} b_n x^n$$

$$= \sum_{n=1}^{\infty} 3^{n-1} x^n - \sum_{n=1}^{\infty} c_{n-1} x^n$$

$$= x(1-3x)^{-1} - xC(x)$$

$$C(x) - c_0 = \sum_{n=1}^{\infty} c_n x^n$$

$$= \sum_{n=1}^{\infty} 3^{n-1} x^n - \sum_{n=1}^{\infty} b_{n-1} x^n$$

$$= x(1-3x)^{-1} - xB(x)$$

앞에서 구한 a_0, b_0, c_0의 값을 대입하면

$A(x) - 1 = xA(x) + xB(x) + xC(x)$, 또는

$$A(x) = \frac{x}{1-x}(B(x) + C(x)) + \frac{1}{1-x} \quad \text{(A)}$$

$$B(x) = x(1-3x)^{-1} - xC(x) \quad \text{(B)}$$

$$C(x) = x(1-3x)^{-1} - xB(x) \quad \text{(C)}$$

식 (B), (C)를 이용하여 $B(x)$를 구해보면

$$B(x) = x(1-3x)^{-1} - xC(x)$$

$$= x(1-3x)^{-1} - (x^2(1-3x)^{-1} - x^2 B(x))$$

$$B(x)(1-x^2) = (x - x^2)(1-3x)^{-1}$$

$$B(x) = \frac{(1-x)x}{(1-x^2)(1-3x)}$$

$$= \frac{x}{(1+x)(1-3x)} = \frac{1/4}{1-3x} - \frac{1/4}{1+x}$$

따라서 $B(x)$에서 x^n의 계수를 구하면

$$b_n = \frac{1}{4}[3^n - (-1)^n].$$

마찬가지로, $C(x)$에서 x^n의 계수를 구하면

$$c_n = \frac{1}{4}[3^n - (-1)^n].$$

이제 식 (A)에서 $A(x)$를 구하면

$$A(x) = \frac{x}{1-x}(B(x)+C(x)) + \frac{1}{1-x}$$
$$= \frac{2x}{1-x}\left(\frac{1/4}{1-3x} - \frac{1/4}{1+x}\right) + \frac{1}{1-x}$$
$$= \frac{x/2}{(1-x)(1-3x)} - \frac{x/2}{1-x^2} + \frac{1}{1-x}$$
$$= \left(\frac{1/4}{1-3x} - \frac{1/4}{1-x}\right) - \frac{x/2}{1-x^2} + \frac{1}{1-x}$$

그러므로 $\frac{1}{4}(1-3x)^{-1}$에서 x^n의 계수는 $\frac{1}{4}3^n$, 또 $\frac{3}{4}(1-x)^{-1}$에서 x^n의 계수는 $\frac{3}{4}$, 마지막으로 $-\frac{x}{2}(1-x^2)^{-1}$에서 x^n의 계수는 n이 홀수일 때 $-\frac{1}{2}$, n이 짝수일 때 0이다. 결과를 모두 합치면, n이 짝수일 때 $a_n = \frac{1}{4}(3^n+3)$ 그리고 n이 홀수일 때 $a_n = \frac{1}{4}(3^n+1)$이다.

■

예제 4-35

교란순열의 수는 점화식 $D_n = nD_{n-1} + (-1)^n$을 만족한다.(예제 4-6) 이것을 이용하여 $D(x) = \frac{1}{e^x(1-x)}$이 D_n에 대한 지수생성함수임을 증명하라.

풀이 $D(x) = \sum_{n=0}^{\infty} D_n \frac{x^n}{n!}$라 하자. 점화식의 양변에 $\frac{x^n}{n!}$을 곱하면

$$\sum_{n=1}^{\infty} D_n \frac{x^n}{n!} = \sum_{n=1}^{\infty} nD_{n-1}\frac{x^n}{n!} + \sum_{n=1}^{\infty}(-1)^n \frac{x^n}{n!}$$
$$= x\sum_{n=1}^{\infty} D_{n-1}\frac{x^{n-1}}{(n-1)!} + (e^{-x}-1)$$

$D(x) - D_0 = xD(x) + (e^{-x}-1)$, $D_0 = 1$이므로

$D(x) = e^{-x}(1-x)^{-1}$

■

연습문제 4.5 Exercises

1. 계수가 다음 점화식을 만족하는 생성 함수를 구하여라.

(1) $a_n = a_{n-1} + 2$, $a_0 = 1$

(2) $a_n = 3a_{n-1} - 2a_{n-2}$, $a_0 = a_1 = 1$

(3) $a_n = a_{n-1} + n(n-1)$, $a_0 = 1$

(4) $a_n = 2a_{n-1} + 2^n$, $a_0 = 1$

2. 다음 관계를 만족하는 계수를 가진 생성함수를 구하여라.

(1) $a_n = \sum_{i=0}^{n-1} a_i a_{n-1-i} \ (n \geq 1)$, $a_0 = 1$

(2) $a_n = \sum_{i=2}^{n-2} a_i a_{n-i} \ (n \geq 3)$, $a_0 = a_1 = a_2 = 1$

(3) $a_n = \sum_{i=1}^{n-1} 2^i a_{n-i} \ (n \geq 2)$, $a_0 = a_1 = 1$

3. n개의 원소로 이루어진 집합에서 중복을 허용하여 k개를 뽑는 경우의 수를 $a_{n,k}$라 할 때 $a_{n,k}$에 대한 점화식을 구하여라.

$F_n(x) = \sum_{k=0}^{\infty} a_{n,k} x^k$에 대한 함수방정식을 구하고 이를 이용하여 $a_{n,k}$를 구하여라.

4. 1과 2가 각각 홀수 개인 n자리 3진 수열의 개수 a_n을 생성함수를 이용하여 구하여라.

5. 자리수의 합이 3의 배수인 n자리 3진 수열의 개수 a_n를 구하여라.

6. 수열 $a_0, a_1, a_2, \cdots$의 생성함수가 $f(x) = 1/(1-x-x^2)$일 때,

(1) 이 수열의 점화식을 구하여라.

(2) a_n을 n에 관한 식으로 나타내어라.

제 5 장 그래프 이론

그래프는 수학이나 컴퓨터에 관련된 문제만이 아니라 다양한 현실의 문제를 모델링하는 데 무척 쓸모 있는 도구다. 게임이나 퍼즐 중에는 이런 그래프를 이용하여 답을 구하는 문제가 많이 있다. 오늘날 우리가 그래프 이론이라 부르는 수학의 분야는 수학자 오일러가 쾨니스베르그의 다리 문제를 해결한 것이 그 시작으로 최근 컴퓨터의 사용이 증가함에 따라 그래프이론의 응용도 늘어나고 있다.

5.1 그래프의 뜻과 기본개념

그래프(graph)란 한 쌍의 유한집합 $G=(V, E)$을 의미한다. 여기서 V는 꼭지(vertex)라 부르는 원소의 집합으로 $V(G)$ 또는 V_G로 표시하고 E는 한 쌍의 꼭지로 만들어진 다중집합으로 그 원소를 모서리 (edge)라 부르며 $E(G)$ 또는 E_G로 표시한다. 모서리 e를 이루는 한 쌍의 꼭지가 u, v일 때 $e=(u, v)=(v, u)$와 같이 표시하기로 한다. 즉 모서리는 순서 없는 한 쌍의 꼭지를 말한다. 이때 u는 v에 (또는 v는 u에) 이웃 (adjacent)한다고 부른다. 또한 모서리 e는 꼭지 u와 v에 달려있다(incident with)고 말하고 마찬가지로 꼭지 u와 v는 모서리 e에 달려있다고 말한다.

(v, v)와 같이 두 꼭지가 같은 모서리를 고리(loop)라고 부르고, 두 꼭지 사이에 두 개 이상의 모서리가 있을 때 이들을 평행모서리(parallel edge)라 부른다. 단순그래프(simple graph)란 고리나 평행모서리를 갖지 않은 그래프를 의미 한다. 저자에 따라 우리가 단순그래프라 정의한 것을 그래프라 부르고 우리가 그래프라 정의한 것을 다중그래프(multigraph)라 부르기도 한다.

흔히 그래프를 그림으로 나타내는데 꼭지는 작은 점으로, 모서리는 두 개의 꼭지를 잇는 직선이나 곡선으로 표시한다. 하나의 그래프를 그림으로 표현하는 방법은 여러 가지가 있을 수 있는데 이런 그림 중에 하나를 그래프라 부르기도 한다. 따라서 그래프이론에서 사용하는 용어들은 이런 그림을 보고 만든 것이 대부분이다. 그러나 그래프의 정의에 따르면 꼭지나 모서리는 그저 단순한 집합으로 그들 사이에 어떠한 위상관계나 기하적인 의미를 포함하지 않으므로 그림은 그래프이론을 이해하는데 도움이 되기도 하지만 오해나 혼동을 일으키기도 한다.

그래프 G에 있는 꼭지의 개수와 모서리의 개수를 각각 $\nu(G)$와 $\epsilon(G)$로 표시하는데 문맥에서 그래프 G가 어떤 것인지 분명할 때는 $V(G)$, $E(G)$, $\nu(G)$, $\epsilon(G)$ 대신에 V, E, ν, ϵ을 사용하기로 한다. 그래프 G가 어떤 것인지 분명할 때 기호에서 G를 빼는 약속은 앞으로 다른 기호에서도 사용할 것이다. 꼭지의 개수 $\nu(G)$를 G의 위수(order)라 한다.

G가 그래프이고 $v \in V(G)$는 꼭지일 때 v의 차수(degree) $d_G(v)$는 v에 달려있는 모서리의 개수를 의미한다. 그러나 v에 달려있는 고리는 차수를 계산할 때 두 번 셈한다. 그래프를 그림으로 볼 때 한 꼭지의 차수는 꼭지에서 나가는 선분의 개수라고 생각하면 된다.

또한 $\delta(G)$와 $\Delta(G)$는 각각 G에 있는 꼭지의 최소차수(minimum degree)와 최대차수(maximum degree)를 의미한다. 어떤 꼭지의 차수가 짝수(홀수)면 이것을 짝수점(홀수점)이라 부르기도 한다.

정리 5.1

위수가 2이상인 모든 단순그래프는 차수가 같은 꼭지를 2개 이상 갖는다.

증명 단순그래프 G의 위수에 대한 수학적 귀납법을 이용하여 증명하자.
위수를 k라 하면, $k=2$일 때는 명백히 정리가 성립한다.
$k<n$인 모든 그래프에서 정리가 성립한다고 가정하고 $k=n$인 그래프를 생각하자.
이 그래프에 차수가 0인꼭지가 있다면 귀납법 가정에 의해 정리가 성립한다.
차수가 0인꼭지가 없다고 가정하고 꼭지를 $v_1, v_2, \ldots, v_n$이라 하면
$1 \le d(v_i) \le n-1 \ (i=1, 2, \ldots, n)$ 이다.
따라서 $\{d(v_1), d(v_2), \ldots d(v_n)\} \subset \{1, 2, \ldots, n-1\}$ 이고 비둘기집의 원리에 의해 차수가 같은 꼭지가 존재한다.

정리 5.2 (handshaking theorem)

$$\sum_{v \in V} d(v) = 2\epsilon$$

증명 꼭지 v에 달려있는 모서리의 개수는 $d(v)$이므로 G에 있는 모든 꼭지의 차수의 합은 $\sum_{v \in V} d(v)$이다. 그런데 각 모서리는 두 번 씩 셈해지므로 이 합은 2ϵ이다.

이 정리를 악수정리라 부르는 이유는 손을 꼭지에, 악수는 모서리에 대응하여 생각할 수 있기 때문이다. 따라서 한 모임에서 사람들이 악수한 횟수를 모두 더하면 언제나 짝수가 된다는 뜻이다.

따름정리 5.3

모든 그래프는 홀수 차수인 꼭지를 짝수 개 갖는다.

증명 홀수 차수 꼭지의 집합을 V_1, 짝수 차수 꼭지의 집합을 V_2라고 하면, 정리 5.2에 의해

$$2\epsilon = \sum_{v \in V_1} d(v) + \sum_{v \in V_2} d(v)$$

이 성립한다. 좌변은 짝수이고 우변의 두 번째 합은 언제나 짝수이므로 첫 번째 합도 짝수다. 그런데 첫 번째 합은 홀수들의 합이므로 짝수번 더해야 등식이 성립한다. 따라서 $|V_1|$은 짝수이다. (집합 S가 있을 때 $|S|$는 그 집합에 들어있는 원소의 개수를 의미하는 기호이다.)

$V(H) \subseteq V(G)$, $E(H) \subseteq E(G)$일 때, 그래프 H를 그래프 G의 부분그래프(Subgraph)라 하고 기호로 $H \subseteq G$라 표시한다. 만약 $H \subseteq G$이고 $H \neq G$이면 H를 G의 진부분그래프(proper subgraph)라 한다. 특히 $V(H) = V(G)$인 부분그래프 H를 G의 생성부분그래프 (spanning subgraph)라고 한다. 즉 생성부분그래프는 원 그래프의 모든 꼭지를 포함하는 그래프다. $G = (V, E)$가 그래프이고 V'은 V의 공집합이 아닌 부분집합이라고 하자. E에 속한 모서리 중에 양끝점이 모두 V'에 있는 모서리의 집합을 E'이라 하면

$G' = (V', E')$는 G의 부분그래프가 되는데 이것을 V'으로 유도된 G의 유도부분그래프(induced subgraph)라 하고 $G(V')$로 표시한다. $V' \neq V$이면 $V - V'$으로 유도된 유도부분그래프 $G(V - V')$을 $G - V'$로 표시한다. 이것은 G에서 V'에 있는 모든 꼭지와 그 꼭지에 달린 모든 모서리를 없애어 얻은 부분그래프를 의미한다. 또한 $V' = \{v\}$일 때, $G - \{v\}$를 $G - v$로 표시하기로 한다. E의 공집합이 아닌 부분집합 E'에 들어있는 모서리의 두 끝점을 모두 모은 꼭지 집합을 V'라고 하면 G의 부분그래프$G' = (V', E')$를 얻는다. 이것을 G의 모서리 유도부분그래프(edge induced subgraph)라 하고 $G(E')$로 표기하기로 한다. 특별히 $G(E - E')$을 $G - E'$로 나타내는데, 이것은 G에서 E'에 있는 모든 모서리를 없애어 얻은 그래프다. 비슷한 이유로 G에다 E에 들어있지 않은 모서리 집합 E'을 더한 그래프를 $G + E'$ 로 표시한다. 만약 $E' = \{e\}$라면 $G - \{e\}$, $G + \{e\}$를 각각 $G - e$, $G + e$로 표시하기로 한다.

두 그래프 $G = (V_G, E_G)$와 $H = (V_H, E_H)$ 사이에 다음과 같은 전단사 함수 $f : V(G) \rightarrow V(H)$가 존재할 때, 그래프 G와 H는 동형(isomorphic)이라 하고, 기호로 $G \cong H$로 표시한다.

임의의 $u, v \in V(G)$에 대하여

$$(u, v) \in E(G) \Leftrightarrow (f(u), f(v)) \in E(H)$$

일반적으로, G_1과 G_2가 동형이면 $\nu(G_1) = \nu(G_2)$, $\epsilon(G_1) = \epsilon(G_2)$를 만족하지만 그 역은 성립하지 않는다.

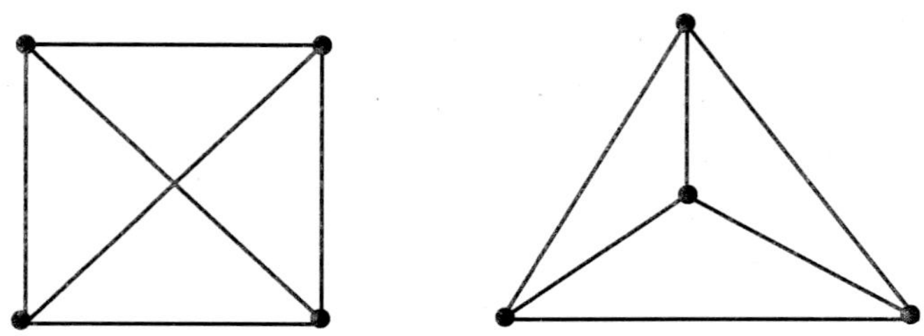

[그림 5-1]

[그림 5-1]의 두 그래프가 동형그래프라는 것은 쉽게 확인할 수 있다. 그러나 [그림 5-2]의 두 그래프는 동형이 아니다. 그 이유는 차수 3인 꼭지가 한 그래프에서는 모두 이웃하고 있으나 다른 그래프는 그렇지 않기 때문이다.

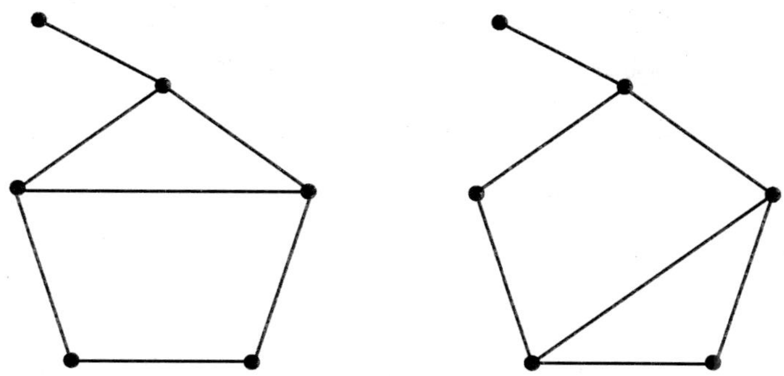

[그림 5-2]

G의 부분그래프 G_1, G_2가 공통 꼭지가 없을 때 G_1, G_2를 서로소(disjoint)라 하고, G_1, G_2가 공통 모서리가 없을 때 G_1, G_2를 모서리 서로소(edge-disjoint)라 한다. 또한 G의 부분그래프 G_1과 G_2의 합(union) $G_1 \cup G_2$는 G의 부분그래프로서 꼭지의 집합이 $V(G_1) \cup V(G_2)$이고 모서리의 집합이 $E(G_1) \cup E(G_2)$이다. 특별히 G_1, G_2가 서로 소일 때, 그 합을 $G_1 + G_2$로 표시한다.

E에 들어있지 않은 모든 모서리의 집합을 $\overline{E}$라 하면 $\overline{G} = (V, \overline{E})$를 G의 나머지그래프(complementary graph)라 부른다. 그리고 $G \cong \overline{G}$ 이면 G를 제나머지그래프(self-complementary graph)라 한다.

완전그래프 (complete graph)란 임의의 두 꼭지 $u, v \in V(G)$에 대해 $(u\ v) \in E(G)$가 성립하는 단순그래프를 말한다. 즉 모든 꼭지를 잇는 모서리가 한 개씩 있는 그래프를 의미한다. $|V(G)| = n$인 완전그래프는 동형을 고려할 때(up to isomorphism) 단 하나만 존재하므로, 이 완전그래프를 K_n으로 표시한다. 그림 5-1의 그래프는 모두 K_4 이다.

빈그래프 (empty graph, null graph)란 완전그래프의 반대 개념으로 모서리가 없고 꼭지만 있는 그래프를 말한다. n개의 꼭지를 가진 빈그래프를 N_n으로 표시한다.

정규그래프 (regular graph)란 모든 꼭지의 차수가 같은 그래프를 말한다. 꼭지의 차수가 k인 정규그래프를 k-정규그래프라 부른다. 예를 들어, 완전그래프 K_n은 (n-1)정규그래프이다. 볼록 n각형 모양의 그래프는 (이것을 흔히 C_n으로 표기한다) 2-정규그래프이다. 3-정규그래프는 특별히 큐빅그래프(cubic graph)라고 부른다. 정리 5.2에 의해, G가 큐빅그래프이면, 꼭지의 개수 $\nu(G)$는 짝수이다.

두갈래 그래프 (bipartite graph)란 그래프 G로서 $V(G) = X \cup Y$, $X \cap Y = \varnothing$ 이고,

모서리가 X와 Y사이에만 존재하는 그래프를 말한다. 이 때 (X, Y)를 G의 두가름 (bipartition)이라 한다.

완전 두갈래 그래프(complete bipartite graph)는 두갈래그래프 중에서 X의 모든 꼭지가 Y의 모든 꼭지와 이웃하는 단순그래프로 $K_{m,n}$으로 표시한다. 여기서 m은 X의 꼭지의 개수이고, n은 Y의 꼭지의 개수이다. [그림 5-3]의 그래프는 $K_{3,3}$이다.

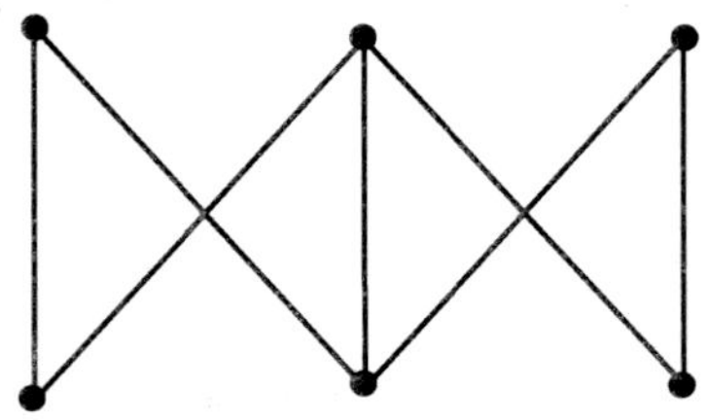

[그림 5-3]

그래프 G에서 길이가 k인 걸음길 (walk)은 $W = v_0e_1v_1e_2v_2 \cdots e_kv_k$처럼 꼭지와 모서리가 번갈아 나타나는 수열로서 $1 \le i \le k$ 에 대하여 $e_i = (v_{i-1}, v_i)$이다. 이 W를 v_0에서 v_k로 가는 걸음길, 또는 (v_0, v_k)-걸음길이라 한다. 여기서 k를 걸음길의 길이라 하며 꼭지 $v_0, v_1, \cdots, v_k$ 중에는 같은 것이 있을 수도 있다.

꼭지 v_0, v_k를 각각 걸음길 W의 시점(origin), 종점(terminus)이라 하고 $v_1, v_2, \cdots, v_{k-1}$을 사이점(internal vertices)이라 한다.

$W = v_0e_1v_1e_2v_2 \cdots e_kv_k$와 $W' = v_ke_{k+1}v_{k+1} \cdots e_lv_l$이 그래프 G의 두 걸음길일 때, $v_0e_1v_1 \cdots e_lv_l$은 v_k에서 W, W'을 이은 걸음길로 WW'으로 표시한다. 또한 W의 연속된 부분수열로 이루어진 걸음길 $v_ie_{i+1}v_{i+1} \cdots e_jv_j$을 W의 (v_i, v_j)-사이걸음길(section)이라 한다. $v_ke_kv_{k-1} \cdots e_1v_0$는 W의 뒷걸음길(reversed walk, reversal)이라 하고 W^{-1}로 표시한다.

단순그래프에서는 꼭지 사이에 모서리가 있다면 단 한 개뿐이므로 걸음길 $v_0e_1v_1 \cdots e_kv_k$을 $v_0v_1 \cdots v_k$로 간략히 표현한다. 시점과 종점이 다른 걸음길은 열렸다(open)고 하며 그 둘이 같은 것은 닫힌(closed) 걸음길이라 말한다.

트레일(trail)은 걸음길 $W = v_0e_1v_1 \cdots e_kv_k$로서 $e_1, e_2, \cdots, e_k$가 모두 다른 경우를 말

한다. 즉 한번 지나간 모서리는 다시 지나지 않는(하지만 꼭지는 다시 지날 수 있다) 걸음길을 의미한다.

길(path)은 꼭지가 모두 다른 걸음길을 의미하며 꼭지가 모두 다르므로 모서리도 같은 것이 없다.

사이클(cycle)이란 시점과 종점이 같은 닫힌 길을 말하며 길이가 k인 사이클을 k-사이클이라 한다. 특별히 3-사이클은 삼각형(triangle)이라 부른다.

그래프 G에서 꼭지 u와 v사이에 길이 존재할 때 꼭지 u,v는 연결(connected)되었다고 한다. 이 때 두 꼭지 사이의 거리(distance) $d(u, v)$는 두 꼭지 사이의 가장 짧은 길의 길이로 정의한다.

두 꼭지가 연결되었다는 이항관계는 동치관계이므로 꼭지 집합을 동치류로 나눈다. 즉 V의 분할 $V_1, V_2, \cdots, V_k$가 있어서 꼭지 u, v가 연결될 필요충분조건은 u, v가 둘 다 같은 집합 V_i에 있는 것이다. 이러한 $V_i\ (1 \le i \le k)$로 구성된 부분그래프 $G(V_1), G(V_2), \cdots, G(V_k)$를 G의 이음성분 (connected component) 또는 줄여서 성분(component)이라 부른다. 만약 그래프 G가 단 하나의 성분을 가지면 G는 연결그래프(connected graph)라 하고, 그래프 G가 두 개 이상의 성분을 가지면 G는 끊긴그래프(disconnected graph)라 한다. 그래프 G에 있는 성분의 개수를 $\omega(G)$로 표시한다. 그래프 G의 끊음모서리(cut edge)란 그것을 떼어내면 G의 이음성분의 수가 늘어나는 모서리를 말한다.

비사이클그래프(acyclic graph)란 사이클을 포함하지 않는 그래프를 말한다.

나무(tree)는 비사이클그래프 중에서 연결그래프(acyclic connected graph)를 말하며 연결조건이 빠진 비사이클그래프를 숲(forest)이라 한다.

지름 (diameter)은 그래프 G에서 두 꼭지 사이의 거리 중 최대인 거리를 말하며 둘레(girth)는 G의 가장 짧은 사이클의 길이를 의미한다.

보조정리 5.4

모든 닫힌 홀수 걸음길은 홀수 사이클을 포함한다.

증명 닫힌 걸음길의 길이 k에 대한 수학적 귀납법으로 증명한다.

만약 $k=1$이면 닫힌 걸음길은 고리이고 이는 길이가 1인 사이클이다.

$k \le n$인 모든 k에 대하여 정리가 성립한다고 가정하자.

이제 $W = u_0u_1 \cdots u_nu_0$가 길이 $n+1$인 닫힌 홀수 걸음길이라 하자. 만약 W가 사이클이면 더 이상 증명할 것이 없으므로 W가 사이클이 아니라고 가정하자. 즉, 시점과 종점 외에 같은 꼭지가 두 번 사용되었다고 하자. 그 꼭지를 u_i, u_j $(1 \le i < j \le n$이고 $u_i = u_j)$라 하자.

만약 $W_1 = u_0u_1 \cdots u_iu_{j+1}u_0$, $W_2 = u_iu_{i+1} \cdots u_j$ 로 놓으면 W_1, W_2 는 모두 닫힌 걸음길이고 W의 길이는 W_1의 길이와 W_2의 길이의 합이다. 그 합이 홀수이므로 W_1과 W_2 중에서 하나가(예를 들어, W_1이) n이하의 홀수 길이를 갖는다. 귀납법 가정에 의하여 W_1은 홀수 사이클 C를 포함한다. 그러므로 W는 홀수 사이클 C를 포함한다.

정리 5.5

그래프 G가 두갈래그래프일 필요충분조건은 모든 사이클의 길이가 짝수인 것이다.

증명 $C = v_0v_1 \cdots v_nv_0$가 G에 있는 사이클이라 하자. G가 두갈래그래프이므로 (X, Y)를 G의 두가름이라 하면 $v_0 \in X$라 가정해도 무방하다. 두갈래그래프의 정의에 따라 $v_1 \in Y$, $v_2 \in X, \cdots$ 즉, $v_{2i} \in X$, $v_{2i+1} \in Y$이다. $v_n \in Y$이므로 n은 홀수이고 따라서 C는 짝수 사이클이다.

역으로, G가 연결그래프이고 모든 사이클의 길이가 짝수라 가정하자.

G의 어떤 꼭지 u를 택하여 다음과 같은 집합을 생각하자.

$$X = \{v \in V(G) : d(u, v)\text{가 짝수}\},\ Y = \{v \in V(G) : d(u, v)\text{가 홀수}\}$$

그러면 $X \cap Y = \varnothing$, $X \cup Y = V(G)$이다. 이제 X와 Y사이에만 모서리가 있다는 것을 보이자. 이를 위해 X에 있는 서로 다른 꼭지 v, w를 잇는 모서리가 있다면 모순임을 보인다. X에서 두 개의 서로 다른 꼭지 v, w를 택하면 v, w는 각각 u와 연결되어 있으므로 (u,v)-최단 길 P와 (u,w)-최단 길 Q가 존재한다. 만일 v, w가 G에서 모서리로 연결된다면 $PvwQ^{-1}$는 닫힌 홀수 걸음길이 된다. 보조정리 5.4에 의해 $PvwQ^{-1}$는 홀수 사이클을 포함하므로 모순이다. 따라서 v,w 사이에 모서리가 존재하지 않는다. 같은 방법으로 Y에 있는 두 개의 서로 다른 꼭지도 이웃하지 않는다. 그러므로 G는 두갈래그래프이다.

연습문제 5.1

Exercises

1. 그래프 G가 25개의 모서리를 가지고 있다. 모든 꼭지의 차수가 최소 4라면 G가 가질 수 있는 꼭지의 최대 개수는 얼마인가?

2. 가능하다면 다음 조건을 만족하는 그래프의 예를 들어보시오.

(1) 홀수점이 없는 그래프

(2) 짝수점이 없는 그래프

(3) 홀수점을 하나만 갖는 그래프

(4) 짝수점을 하나만 갖는 그래프

3. 단순그래프 G가 50개의 모서리를 가지고 있다면 G가 가질 수 있는 꼭지의 최소 개수는 얼마인가?

4. 다음의 두 그래프가 동형이 아님을 보이시오.

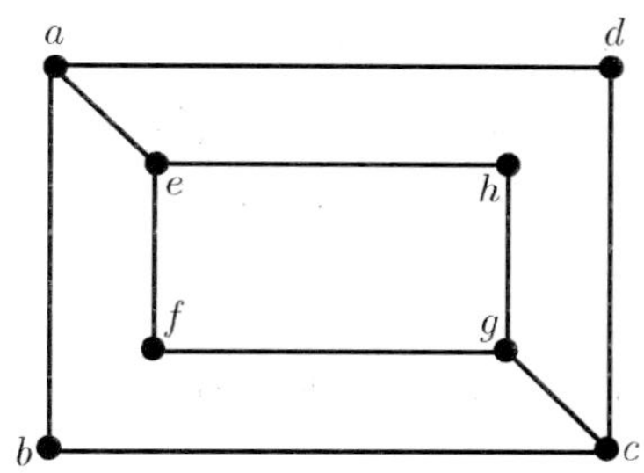

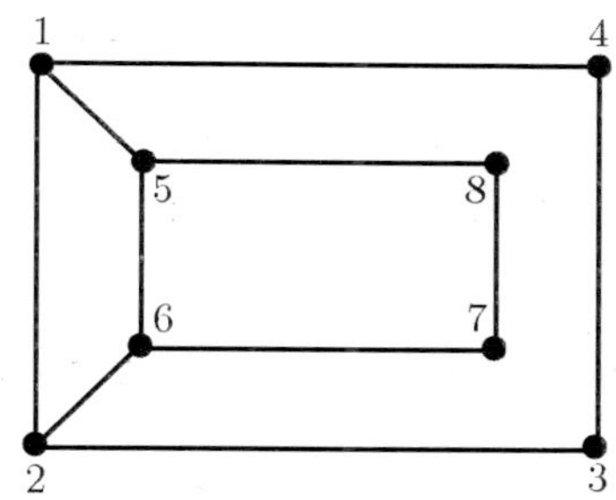

5. 다음의 두 그래프가 동형임을 보이시오.

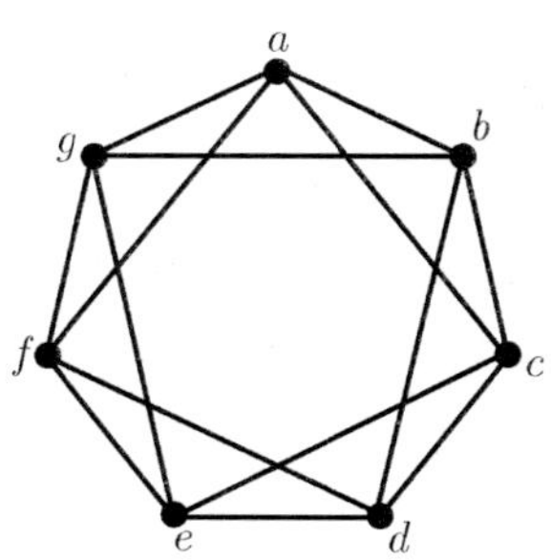

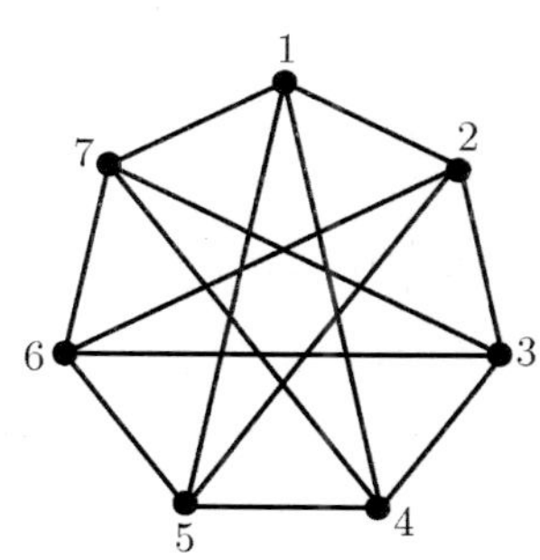

6. 꼭지의 개수가 $n(\leq 7)$인 서로 동형이 아닌 나무의 개수를 구하시오.

7. 꼭지가 4개이며 동형이 아닌 단순그래프는 모두 몇 개인가?

8. 둘레(girth)가 4인 최소의 3-정규그래프를 구하시오.

9. 단순 두갈래그래프 G에서 $\epsilon \leq \dfrac{\nu^2}{4}$임을 증명하시오

10. $n-$정육면체(n-cube)를 다음과 같이 정의한다. 꼭지는 길이가 n인 모든 2진 수열(0, 1로 이루어진)이다. 두 꼭지를 나타내는 2진 수열이 정확하게 1자리만 다를 경우에만 두 꼭지가 이웃한다.(모서리가 있다)

(1) 3−정육면체의 그림을 그리시오.

(2) $n-$정육면체는 몇 개의 꼭지와 모서리가 있는가?

(3) $n-$정육면체는 두 갈래 그래프임을 설명하시오.

11. 화학결합을 설명할 때 원소들을 꼭지로 보고 두 원소가 결합되었다면 두 꼭지 사이에 모서리가 있는 것으로 본다. 탄소의 결합차수는 4이고 수소의 결합차수는 1임이 알려져 있다. 탄소 1개와 수소 3개로 이루어진 분자가 존재하는가?

12. 9명의 학생이 방학동안 서로 편지를 주고받기로 하였다. 그래서 각자 3명에게 편지를 보내기로 약속 하였는데,

(1) 모든 학생이 3명에게 편지를 보내고 3명에게 편지를 받게 할 수 있는가?

(2) 모든 학생이 3명에게 편지를 보내고 바로 그 3명에게 편지를 받게 할 수 있는가?

13. 그래프 G의 한 모서리를 e라 할 때 $\omega(G) \leq \omega(G-e) \leq \omega(G)+1$임을 보이시오.

14. 4쌍의 부부(주인 포함)가 파티에서 서로 악수를 하였다. 모든 사람이 자신의 배우자와는 악수하지 않았고 같은 사람과 두 번 이상 악수하지도 않았다고 하자. 주인이 사람들에게 악수한 회수를 물으니 모두 다른 숫자를 대었다.

(1) 주인은 모두 몇 번 악수를 했는가?

(2) 주인의 배우자는 모두 몇 번 악수를 했는가?

5.2 오일러 그래프와 해밀턴 그래프

그래프이론에 관한 최초의 논문은 쾨니스베르그의 다리 문제에 대한 오일러의 논문(1736)이라 한다. 프러시아의 도시 쾨니스베르그를 흐르는 프레겔 강에는 두 개의 섬이 있고 이 섬들과 강둑을 연결하는 7개의 다리가 있다고 한다.[그림 5-4 (a)] 사람들은 모든 다리를 한번 씩만 건너서 모두 지나가는 것이 가능한지 궁금하였고 당시 유명한 수학자 오일러에게 질문하였다. 그는 이 문제가 근본적으로는 [그림 5-4 (b)] 그래프의 모든 모서리를 한번 씩 지나며 그릴 수 있는가(한 붓 그리기) 하는 문제라고 판단하였고 이 경우 한붓그리기가 불가능함을 증명하였다.

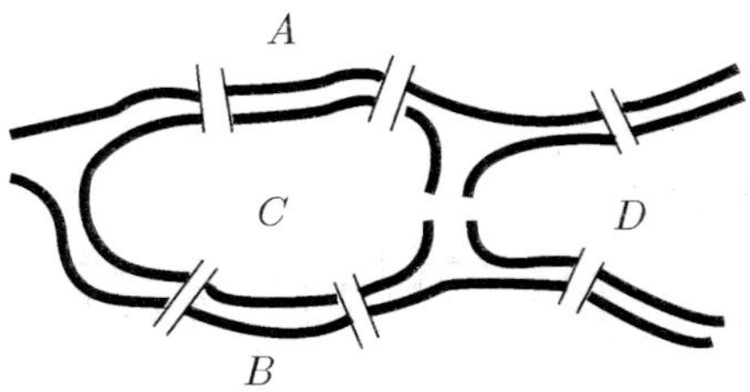

(a)

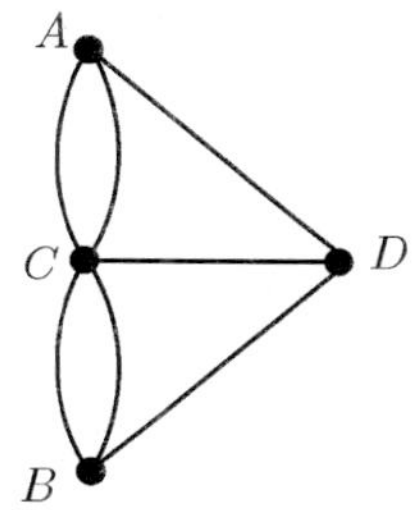

(b)

[그림 5-4]

그래프 G의 모든 모서리를 정확히 한번 씩 지나는 트레일을 G의 오일러트레일(Euler trail)이라 한다. 오일러 트레일이 닫힌 트레일인 경우 이 그래프를 오일러그래프(Eulerian graph)라고 한다.

정리 5.6

$\nu \geq 2$인 연결그래프 G가 오일러 그래프이기 위한 필요충분조건은 홀수 차수의 꼭지를 갖지 않는 것이다.

증명 ($\Rightarrow$) G가 오일러 그래프이고, C가 G의 닫힌 오일러 트레일이며 C의 시점과 종점을 u라고 하자. 꼭지 u를 제외한 C의 모든 꼭지에는 들어오는 모서리와 나가는 모서리가 함께 존재한다. 그러므로 꼭지 u를 제외하고는 모든 꼭지의 차수는 짝수다. 그런데 C가 u에서 시작하고 끝나므로 u의 차수도 짝수이다. 따라서 G는 홀수 차수의 꼭지를 갖지 않는다.

(⇐) 모서리의 수 ϵ에 수학적 귀납법을 사용한다.

$\epsilon = 0$인 경우는 빈그래프(empty graph)로서 당연히 오일러 그래프이다.

$\epsilon \leq m$인 경우 정리가 성립함을 가정하자.

G가 $\epsilon = m+1$인 연결그래프로서 홀수 차수인 꼭지를 갖지 않는다고 가정하자. G에 닫힌 오일러 트레일이 없다면 모순임을 보여 증명한다. G에서 가장 긴 길이의 닫힌 트레일을 C라 하자. 가정에 의하여 C는 오일러 트레일이 아니므로 $G-E(C)$는 모서리를 적어도 하나를 갖는 이음성분(connected component) H을 포함한다. 원래 G의 모든 꼭지는 짝수꼭지였고 C는 닫힌 트레일이므로 $G-E(C)$의 모든 꼭지는 짝수꼭지다. 따라서 H의 모든 꼭지는 짝수꼭지다. H의 모서리 수는 m보다 적으므로 귀납법 가정에서 H는 닫힌 오일러트레일 C_H를 갖는다. G가 연결그래프이므로 C와 C_H에 동시에 들어있는 꼭지 v가 존재한다. 꼭지 v가 C와 C_H의 시점이며 동시에 종점이라고 가정해도 무방하다. 그러면 C와 C_H는 같은 모서리를 포함하지 않으므로 CC_H은 G의 닫힌 트레일이다. 이것은 C가 가장 긴 닫힌 트레일이라는 것에 모순되어 G는 오일러 사이클을 갖는다.

따름정리 5.7

연결그래프가 오일러 트레일을 갖기 위한 필요충분조건은 홀수 차수인 꼭지가 두 개인 것이다.

증명 (⇒) G가 오일러 트레일을 가지면 정리 5.6의 증명에서와 같이 시점과 종점을 제외한 모든 꼭지가 짝수 차수를 갖는다.

(⇐) 홀수 차수인 꼭지가 두 개인 연결그래프를 G라 하자. G의 두 개의 홀수 차수 꼭지를 u, v라 하고 꼭지 u, v를 새 모서리 e로 연결한 그래프를 $G+e$라 하자. 그러면 $G+e$의 모든 꼭지는 짝수 차수이고 정리 5.6에 의해 $G+e$는 닫힌 오일러 트레일 C를 갖는다. 그러면 $C-e$는 G의 오일러 트레일이다.

그래프 G의 해밀턴 길(Hamilton path)은 G의 모든 꼭지를 정확히 한 번만 통과하는 길을 말하며, 해밀턴 사이클(Hamilton cycle)은 G의 모든 꼭지를 정확히 한 번만 통과하는 사이클을 말한다. 해밀턴 사이클을 갖는 그래프를 해밀턴 그래프라고 한다. 아래 [그림 5-5]에서 (a)는 해밀턴 그래프이고, (b)는 해밀턴 그래프가 아니다.

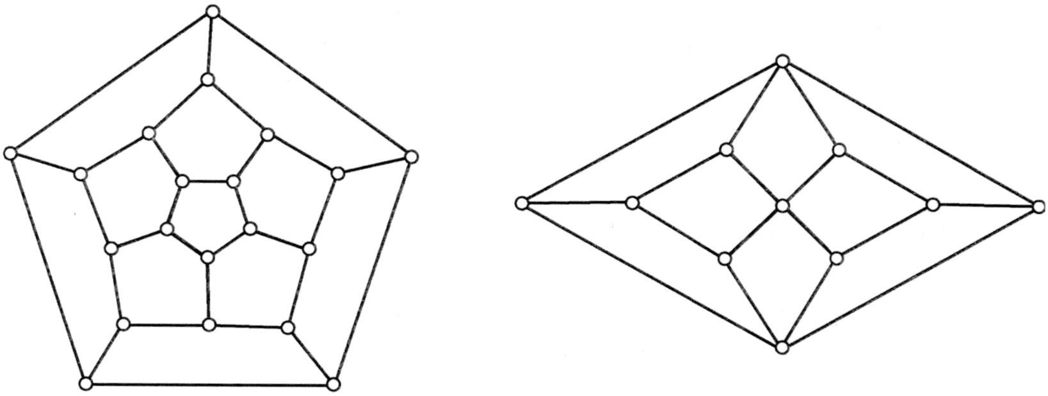

[그림 5-5] 정12면체 그래프와 Herschel 그래프

해밀턴 사이클의 문제는 오일러 사이클의 문제와 비슷하게 보이지만 그 풀이는 매우 다르다. 우리는 주어진 그래프가 오일러 그래프이기 위한 필요충분조건을 구했지만 해밀턴 그래프의 경우는 아직까지 완벽한 필요충분조건이 없다. 그리고 오일러 그래프와 해밀턴 그래프 간에 서로 관계가 없음을 아래 [그림 5-6]에서 알 수 있다. 즉, (a)는 해밀턴 그래프지만 오일러 그래프가 아닌 그래프이고, (b)는 오일러 그래프지만 해밀턴 그래프가 아닌 그래프다.

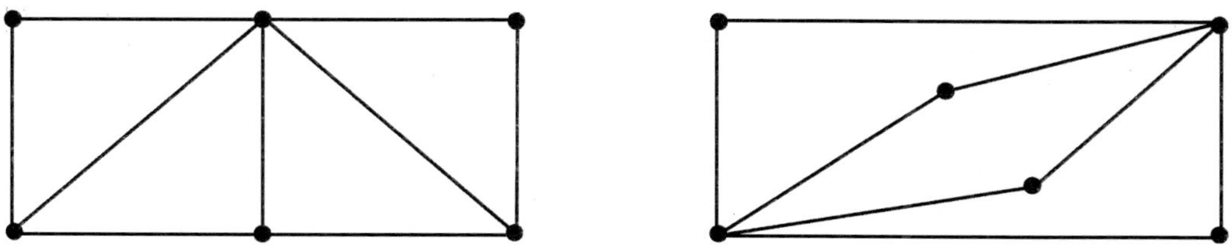

[그림 5-6]

이제 해밀턴 그래프이기 위한 필요조건을 하나 알아보자.

정리 5.8

G가 해밀턴 그래프일 때, V의 공집합이 아닌 진부분집합 S에 대하여 $\omega(G-S) \le |S|$가 성립한다.

증명 G의 해밀턴 사이클을 C라 하자. 사이클에서 한 꼭지와 달린 모서리를 없애도 연결그래프가 되고 두 개의 꼭지와 달린 모서리를 없애도 연결성분의 개수는 최대 2다. 일반적으로 V의 공집합이 아닌 진부분집합 S에 대하여 $\omega(C-S) \le |S|$가 성립한다. 그런데 $C-S$가 $G-S$의 생성 부분그래프이므로

$$\omega(G-S) \le \omega(C-S) \le |S|$$

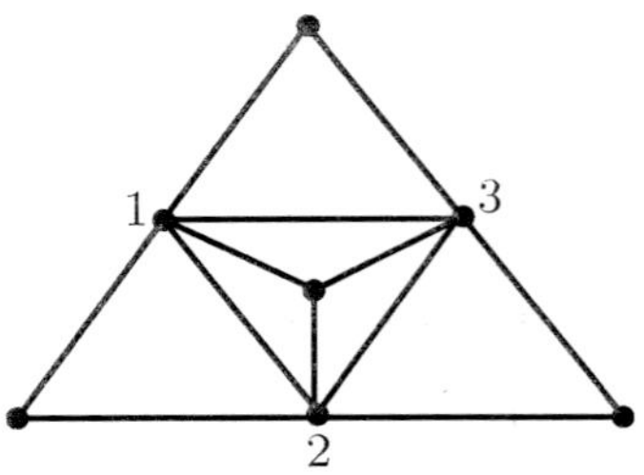

(a) G

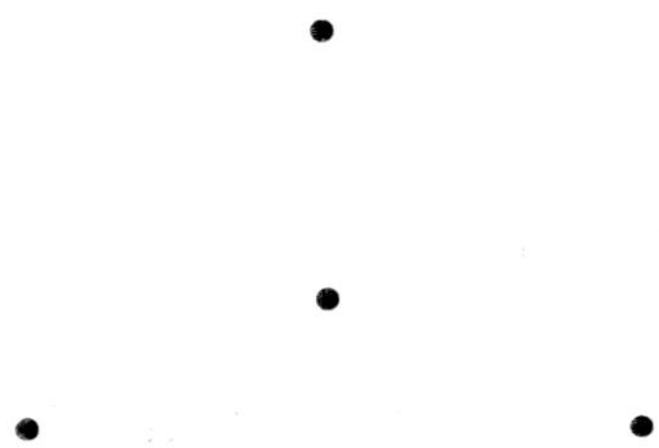

(b) $G-\{1, 2, 3\}$

[그림 5-7] $\omega(G-S) > |S|$이므로 해밀턴 그래프가 아닌 그래프

정리 5.8의 역은 성립하지 않는다. 즉 부등식이 성립한다고 해서 그 그래프가 해밀턴 그래프라는 결론은 얻을 수 없다. 이 정리는 어떤 그래프가 해밀턴 그래프가 아님을 보이는 데만 이용할 수 있다.

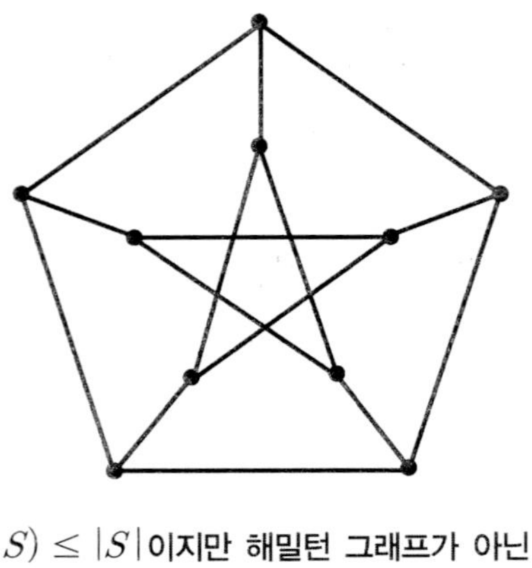

[그림 5-8] $\omega(G-S) \le |S|$이지만 해밀턴 그래프가 아닌 Petersen 그래프

그래프에서 모든 고리를 없애고, 평행모서리가 있으면 모서리 하나만 남기고 모두 없애면 단순그래프를 얻는데. 이를 바탕단순그래프(Underlying simple graph)라고 한다. 그래프가 해밀턴 그래프이기 위한 필요충분조건은 그 바탕 단순그래프가 해밀턴 그래프라는 것임을 쉽게 확인할 수 있다. 따라서 우리는 논의를 단순그래프로 국한시켜 진행하기로 한다.

이제 해밀턴 그래프가 될 충분조건을 구해보기로 하자.

정리 5.9

단순연결그래프 G가 $\nu \geq 3$이고 $\delta \geq \nu/2$라면, G는 해밀턴 그래프이다.

증명 조건을 만족하지만 해밀턴 그래프가 아닌 것이 있다면 모순임을 보이기로 한다. G가 $\nu \geq 3$, $\delta \geq \nu/2$를 만족하지만 해밀턴 그래프가 아닌 단순연결그래프 중에서 최대인 그래프라고 가정하자. 즉 G에 어떤 모서리라도 하나만 더하면 해밀턴 그래프가 된다고 가정하자. G는 완전그래프가 아니므로 u, w를 G에서 이웃하지 않은 두 꼭지라 하자. 가정에 의해 $G+(u, w)$는 해밀턴 그래프다. G가 해밀턴 그래프가 아니므로 $G+(u, w)$의 해밀턴 사이클은 반드시 모서리 (u, w)를 포함한다. 따라서 G에는 시점이 $u = v_1$이고 종점이 $w = v_\nu$인 해밀턴 길 $v_1 v_2 \cdots v_\nu$가 있다. 이제 그래프 G의 꼭지 집합에서 다음과 같은 부분집합을 생각하자.

$$S = \{v_i | (u, v_{i+1}) \in E(G)\}, \quad T = \{v_i | (v_i, w) \in E(G)\}$$

$w = v_\nu \notin S \cup T$이므로 $|S \cup T| < \nu$

만약 $S \cap T$에 꼭지 v_i가 들어있다면 $v_1 v_2 \cdots v_i v_\nu v_{\nu-1} \cdots v_{i+1} v_1$는 G의 해밀턴 사이클이 되어 가정에 모순이다. 따라서 $|S \cap T| = 0$

$$d(u) + d(w) = |S| + |T| = |S \cup T| + |S \cap T| < \nu$$

이것은 가정 $\delta \geq \nu/2$에 모순이므로 증명되었다.

이 정리는 1952년 Dirac이 증명한 것으로 해밀턴 그래프이기 위한 필요조건은 되지 못한다. 그 역이 성립하지 않는 예는 사이클 $C_n (n \geq 5)$이다. 또한 조건 $\delta \geq \nu/2$을 조금도 줄일 수 없는 이유는 $K_{m+1,m}$에서 확인 할 수 있다. $K_{m+1,m}$는 홀수 개의 꼭지를 갖고 있는 두갈래 그래프인데 정리 5.5에 의해 모든 사이클은 길이가 짝수이므로 해밀턴 사이클을 가질 수 없다. 한편 $K_{m+1, m}$의 최소 차수는 m 이고 $\nu/2 = (2m+1)/2$가 되어 조건을 조금만 줄여도 성립할 수 없다.

다음에 설명한 해밀턴 사이클의 성질은 어떤 그래프가 해밀턴 사이클을 갖지 않는다는 사실을 보이는 중요한 도구가 될 수 있다.

1) 차수가 2인 꼭지에 달린 두 모서리는 해밀턴 사이클에 반드시 포함된다.
2) 한 꼭지에 달린 두 모서리가 해밀턴 사이클에 포함되면 나머지 모서리는 사이클에 포함되지 않는다.
3) 해밀턴 사이클은 더 짧은 사이클을 부분 사이클로 포함하지 않는다.

연습문제 5.2

Exercises

1. 어떤 정수 n에 대하여 완전그래프 K_n은 오일러그래프인가?

2. 어떤 정수들의 쌍 m, n에 대하여 완전두갈래그래프 $K_{m,\,n}$은 오일러그래프인가?

3. 짝수 개의 꼭지와 홀수 개의 모서리를 갖는 오일러그래프 G를 그리시오. 만일 그릴 수 없으면 그 이유를 밝히시오.

4. 그래프 G가 홀수 차수인 꼭지를 갖지 않으면, $E(G) = G(C_1) \cup \cdots \cup E(C_k)$인 모서리 서로 소인 사이클 $C_1, \cdots C_k$가 존재함을 증명하시오.

5. [그림 5-5]의 Herschel 그래프가 해밀턴 그래프가 아님을 보이시오.

6. Petersen 그래프에서 최소의 모서리를 떼어내어 오일러트레일을 가지도록 하려면 어떻게 해야 하는가?

7. 다음그래프가 해밀턴 그래프인지 답하시오

(1)

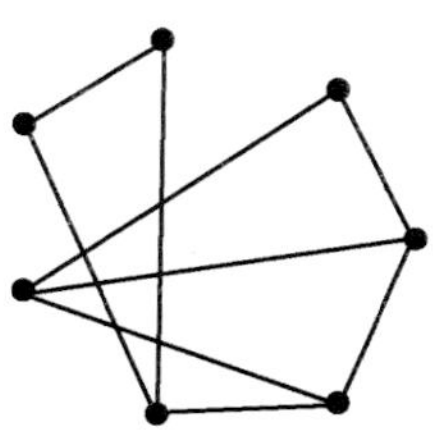

(2)

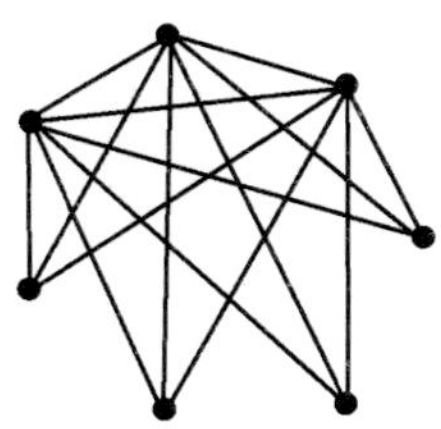

(3)

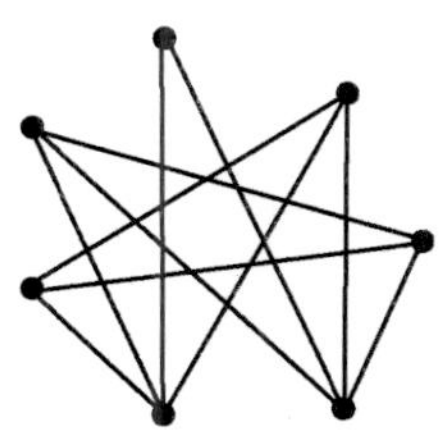

8. Petersen graph [그림 5-8]은 해밀턴 길(Hamilton path)을 가졌으나 해밀턴 사이클 (Hamilton cycle)은 갖지 않음을 보이시오. 또한 이 그래프에서 아무 꼭지나 하나 없애면 해밀턴 사이클을 가짐을 보이시오.

9. 임의의 그래프에서 홀수 차수의 꼭지는 또 다른 홀수 차수의 꼭지와 걸음길로 연결됨을 보이시오.

5.3 나무

사이클을 포함하지 않는 그래프(acyclic graph)를 숲(forest)이라 하고, 사이클을 포함하지 않는 연결그래프를 나무(tree)라고 한다. 나무의 꼭지(vertex)와 모서리를 흔히 마디(node)와 가지(branch)라고 부르기도 한다. 또한 차수가 1인 나무의 꼭지를 잎(leaf)이라 부른다.

정리 5.10

그래프가 나무이기 위한 필요충분조건은 임의의 두 꼭지를 연결하는 길이 단 하나 존재하는 것이다.

증명 ($\Rightarrow$) 나무는 연결그래프이므로 어느 두 꼭지 사이에나 적어도 하나의 길이 있다. 이제 임의의 나무 T에 있는 두 꼭지 v_1, v_2사이에 길이 두 개 이상 있다고 가정하고 그것을 P_1, P_2 이라 부르자. P_1과 P_2가 v_1을 떠나서 처음 갈라지는 꼭지를 u_1(v_1일수도 있다), 그리고 P_1과 P_2가 다시 만나는 최초의 꼭지를 u_2(v_2가 될 수도 있다)라고 하자. P_1의 (u_1, u_2)-섹션을 P_1', P_2의 (u_1, u_2)-섹션을 P_2'이라고 하면 $P_1'P_2'^{-1}$은 사이클이 되어 나무는 사이클을 갖지 않는다는 조건에 모순된다. 따라서 임의의 두 꼭지를 연결하는 길이 단 하나 존재한다.

($\Leftarrow$) 임의의 두 꼭지를 연결하는 길이 존재하므로 G는 연결그래프이다. 만약 G에 사이클 $v_1v_2 \cdots v_nv_1$ 가 존재하면 v_1에서 v_n으로 가는 길이 적어도 두 개 존재한다. 가정에 모순이므로 G는 비사이클 연결그래프, 즉 나무이다.

정리 5.11

T가 나무이고 ν개의 꼭지와 ϵ개의 모서리를 가지고 있으면, 언제나 $\epsilon = \nu - 1$이 성립한다.

증명 꼭지의 개수 ν에 수학적 귀납법을 써서 증명하기로 하자.

$\nu = 1$일 때, 즉 꼭지가 하나면 모서리는 없다. 따라서 $\nu = 1$일 때 성립한다.

$\nu \leq k - 1$인 모든 ν에 대해서 정리가 성립한다고 가정하자.

이제 T를 꼭지가 k개인 나무라고 하자. T의 모서리 중에서 임의로 하나의 모서리 $e=(u,v)$를 선택하면 $T-e$는 끊긴그래프이므로 두개의 연결성분 T_1, T_2를 갖는다. 여기서 T_1은 u를 포함하는 나무이고 T_2는 v를 포함하는 나무이다. T_1, T_2의 꼭지의 개수가 각각 k_1, k_2일 때, $1 \le k_1, k_2 \le k-1$이고 $k_1+k_2=k$이다. 가정에 의해 T_1, T_2는 k_1-1, k_2-1개의 모서리를 갖는다. 따라서 T의 모서리의 개수는 $(k_1-1)+(k_2-1)+1=k-1$이다.

정리 5.12

G가 연결그래프이고 ν개의 꼭지와 ϵ개의 모서리를 가지고 있으면,

$$\nu \le \epsilon + 1$$

증명 ϵ에 관하여 수학적 귀납법을 사용하자.

$\epsilon=1$일 때 $\nu=2$이므로 성립한다.

$\epsilon \le n-1$인 모든 ϵ에 대해서 정리가 성립한다고 가정하자.

이제 G가 ν 개의 꼭지와 n개의 모서리를 가진 임의의 연결그래프라 하자.

다음 두 가지 경우로 나누어 증명한다.

(1) G가 사이클을 가질 때:

그 사이클의 한 모서리를 제거한 그래프를 H라고 하면 H는 ν개의 꼭지와 $n-1$개의 모서리를 가진 그래프다. 귀납법 가정에 의해서

$$\nu \le (n-1)+1 = n \le n+1$$

(2) G가 사이클을 가지지 않을 때:

그래프 G에 가장 긴 길의 양 끝점을 a, b라고 하자. 그러면 a, b의 차수는 1이다. 왜냐하면, 만약 그렇지 않으면 더 긴 길이 존재하거나 사이클이 존재한다. 꼭지 a와 이에 달린 모서리를 제거한 그래프를 H라 할 때, H는 $\nu-1$개의 꼭지와 $n-1$개의 모서리를 가진다. 귀납법 가정에 의해

$$\nu - 1 \le (n-1)+1 = n$$

따라서 $\nu \le n+1$

이제 정리 5.11의 역을 증명해보자.

정리 5.13

G가 ν개의 꼭지와 ϵ개의 모서리를 가진 연결그래프이고 $\nu=\epsilon+1$이면 G는 나무이다.

증명 결론을 부정하여 G가 나무가 아니라고 하면 G는 사이클을 포함한다. 그 사이클에 있는 모서리 하나를 뺀 그래프를 H라고 하자. H는 연결그래프로 ν개의 꼭지와 $\epsilon-1$개의 모서리를 가진다. 정리 5.12에 의해

$$\nu \le (\epsilon-1)+1=\epsilon$$

그러나 $\nu=\epsilon+1$이므로 가정에 모순이다.

예제 5-1

T는 나무이고 각 꼭지의 차수는 3이나 1이다. 차수가 3인 꼭지의 개수가 10일 때 차수가 1인 꼭지의 개수를 구하여라.

풀이 구하려는 꼭지의 개수를 x라 놓자. 정리 5.2에 의해,
$10\times 3+x\times 1=2\epsilon$ 을 얻고, 정리 5.11에 의해, $10+x=\nu=\epsilon+1$ 을 얻는다.
두 식을 연립하여 풀면
$\epsilon=21,\ x=12$ 을 얻는다.

■

예제 5-2

연결그래프 G의 평균 차수가 2보다 크면 G는 적어도 두 개의 사이클을 갖는 것을 증명하시오.

풀이 G가 ν개의 꼭지와 ϵ개의 모서리를 가지고 있다고 하자. 가정에 의해
$\frac{1}{\nu}\sum_{v\in V} d(v)>2$ 그런데 정리 5.2에 의해
$\sum_{v\in V} d(v)=2\epsilon$ 이므로 $\nu<\epsilon$
정리 5.13에 의해 G는 나무가 아니므로 G에는 사이클 C가 존재한다. G에서 C의

모서리를 하나 뺀 그래프를 H라 하자. H는 연결그래프이고 $\nu' = \nu$개의 꼭지와 $\epsilon' = \epsilon - 1$개의 모서리를 가지고 있다. 따라서 $v' \le \epsilon'$. 다시 정리 5.13에 의해서 H는 나무가 아니므로 C와 다른 사이클이 H에 존재한다. 따라서 G는 적어도 두 개의 사이클을 갖는다.

■

그래프 $G=(V,E)$의 생성부분그래프이면서 나무인 것을 G의 생성나무(spanning tree)라 부른다.

정리 5.14

모든 연결그래프는 생성나무를 포함한다.

증명 G를 임의의 연결그래프라고 하자.

G가 나무이면 G 자신의 생성나무이다. G가 나무가 아니면 G는 사이클을 포함한다. e_1이 이 사이클의 모서리일 때 $H_1 = G - e_1$으로 놓자. H_1이 나무이면 증명 끝. H_1이 나무가 아니면 H_1은 사이클을 포함한다. e_2가 이 사이클의 모서리일 때 $H_2 = H_1 - e_2$이로 놓자. 이렇게 계속하면 모서리의 개수가 유한하므로 어떤 자연수 i에서 H_i는 나무이다. 따라서 G는 생성나무 H_i를 포함한다.

그래프 G에 있는 생성나무의 개수를 구해보기로 하자. 그래프 G의 한 모서리 $e=(u\ v)$를 선택하여 잘라내고 양 끝점 u,v를 하나로 만든 그래프를 e-줄임(contraction)그래프라 부르며 $G \cdot e$로 표시한다.

e가 G의 모서리라면 $\nu(G \cdot e) = \nu(G) - 1$, $\epsilon(G \cdot e) = \epsilon(G) - 1$, $\omega(G \cdot e) = \omega(G)$가 성립함을 쉽게 확인할 수 있다. 따라서 T가 나무일 때, $T \cdot e$도 나무이다.

그래프 G에 있는 생성나무의 개수를 기호로 $\tau(G)$로 표시하기로 하면 다음과 같은 점화식을 얻을 수 있다.

정리 5.15

e가 G의 모서리일 때, $\tau(G) = \tau(G-e) + \tau(G \cdot e)$이다.

증명 T를 G의 생성나무 전체의 집합이라 하고, T_1을 e를 포함하지 않는 G의 생성나무의 집합, T_2를 e를 포함하는 G의 생성나무의 집합이라 하자.

그러면 $T = T_1 \cup T_2$이다. 그런데 e를 포함하지 않는 생성나무는 $G-e$의 생성나무이고, 역으로 $G-e$의 생성나무는 e를 포함하지 않으므로 $|T_1| = \tau(G-e)$이다. 한편, e를 포함하는 G의 생성나무는 $G \cdot e$의 생성나무와 1대1 대응하므로 $|T_2| = \tau(G \cdot e)$이다. 따라서

$$\tau(G) = |T| = |T_1| + |T_2| = \tau(G-e) + \tau(G \cdot e)$$

생성나무의 수를 셀 때에는 각 꼭지에 번호가 붙은 나무(labeled tree)를 세는 것이다. 따라서 동형인 것도 서로 다른 나무로 본다. 예를 들어 K_3의 생성나무는 3개임을 쉽게 알 수 있고 아래 그림에서 보듯이 K_4의 생성나무는 16개다.

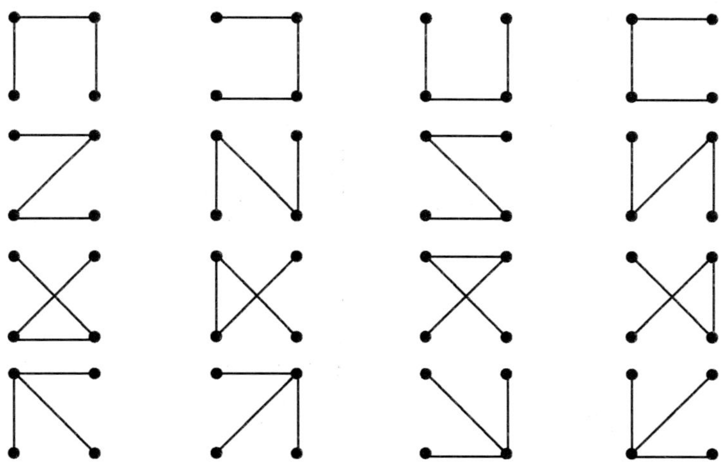

[그림 5-9] K_4의 생성나무

1889년 케일리(Cayley)는 G가 완전그래프일 때 $\tau(G)$를 계산하는 공식을 발견 하였다. 다음 증명은 1918년 프리퓌(Prüfer)의 증명을 따른 것이다.

정리 5.16 (Cayley's Theorem)

$$\tau(K_n) = n^{n-2}$$

증명 K_n의 꼭지 집합을 $V = \{1, 2, \cdots, n\}$라 하자. n개의 서로 다른 원소의 중복을 허락하여 길이 $n-2$인 수열을 만드는 가짓수가 n^{n-2}이므로 K_n의 생성나무와 길이 $n-2$인 중복순열이 1대 1 대응함을 보이기로 한다.

K_n의 한 생성나무 T에 Prüfer code라 부르는 수열 $(v_1, v_2, \cdots, v_{n-2})$을 다음과 같은 방법으로 대응시킨다. T의 잎(leaf) 가운데 번호가 가장 적은 것이 l_1이라면 이 꼭지의 이웃 꼭지를 v_1으로 놓는다. 꼭지 l_1과 이것에 달린 한 모서리를 없애고 남은 나무의 잎(leaf) 가운데 번호가 가장 적은 것을 l_2, 이것에 달린 꼭지를 v_2로 놓고 l_2와 이것에 달린 모서리를 없앤다. 이와 같은 과정을 반복하여 꼭지 2개와 모서리 1개가 남을 때까지 계속하면 길이 $n-2$인 수열 $(v_1, v_2, \cdots, v_{n-2})$을 얻는다.[그림 5-10 참조]

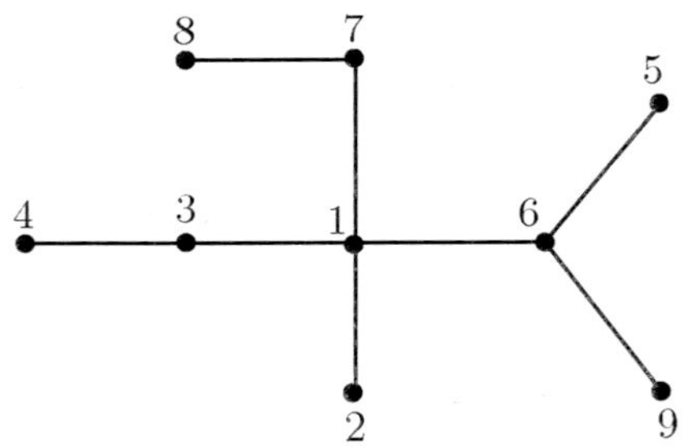

(1, 2, 3, 4, 5, 6, 7, 8)

[그림 5-10] K_9의 한 생성나무와 그것의 Prüfer code

역으로, 임의의 Prüfer code $(v_1, v_2, \cdots, v_{n-2})$에 K_n의 생성나무 T가 유일하게 대응됨을 보이자. 먼저 생성나무 T의 꼭지 중에서 어떤 것이 Prüfer code에 나타나는지 살펴보자. 꼭지 v가 나열되려면 이것에 이웃한 꼭지 하나와 모서리가 없어져야 한다. 따라서 모든 꼭지는 $\deg(v) - 1$번 Prüfer code에 나타나고, 특히 잎에 해당되는 꼭지는 나타나지 않는다. 이제 생성나무 T의 모서리를 다음과 같이 지정한다.

$L_1 = V - \{v_1, v_2, \cdots, v_{n-2}\}$이라 하고 l_1은 L_1에 있는 꼭지 중에서 번호가 가장 적은 것이라 한다. 그러면 첫 번째로 없어진 모서리는 l_1과 v_1을 잇는 $(l_1 v_1)$다. L_2를

$V-\{l_1\}$의 원소 중에서 $(v_2, v_3, \cdots, v_{n-2})$에 없는 것이라고 하고 l_2는 L_2에서 번호가 가장 적은 꼭지라 하면 두 번째 없어진 모서리는 $(l_2 v_2)$이다. 일반적으로 L_i를 $V-\{l_1, l_2, \cdots, l_{i-1}\}$중에서 $(v_i, v_{i+1}, \cdots, v_{n-2})$에 없는 꼭지의 집합이라고 하면 i번째 없어진 모서리는 $(l_i v_i)$다. 이런 방법으로 모두 $n-2$개의 모서리를 결정할 수 있다. 마지막 모서리는 $V-\{l_1, l_2, \cdots, l_{n-2}\}$ 의 두 꼭지를 잇는 것이다.

예를 들어, [그림 5-10] 그래프는 $\{1, 2, \cdots, 9\}$을 꼭지의 집합으로 하는 나무이다.

정리 5.16의 증명 과정을 이 그래프에 적용해 보자.

그래프에서 Prüfer code를 만들어 보면 $(v_1, v_2, \cdots, v_7)=(1, 3, 1, 6, 7, 1, 6)$임을 쉽게 알 수 있다.

역으로, 수열 $(v_1, v_2, \cdots, v_7)=(1, 3, 1, 6, 7, 1, 6)$에 모서리를 대응시키자.

$\{1, 2, \cdots, 9\}$중에 $(1, 3, 1, 6, 7, 1, 6)$에 없는 최소의 수는 2이므로 $l_1=2$

$\{1, 2, \cdots, 9\}-\{2\}$중에 $(3, 1, 6, 7, 1, 6)$에 없는 최소의 수는 4이므로 $l_2=4$

같은 방법으로 $(l_1, l_2, \cdots, l_7)=(2, 4, 3, 5, 8, 7, 1)$을 얻고 모서리는 $(l_i v_i)$, $(1 \le i \le 7)$와 $(6\ 9)$가 되어 위의 나무를 얻는다.

참고로 n^{n-2}은 동형이 아닌 K_n의 생성나무의 개수가 아니고, K_n의 서로 다른 생성나무 개수이다.

연습문제 5.3 Exercises

1. 모든 나무는 두갈래 그래프임을 증명하시오

2. $\Delta(T) \geq k$인 나무 T는 차수가 1인 꼭지를 적어도 k개 가짐을 증명하라.

3. 나무 $T=(V, E)$에서 잎(leaf)의 수는 $1+\frac{1}{2}(\sum_{v \in V} |d(v)-2|)$임을 보이시오.

4. 그래프 G가 ν개의 꼭지, ϵ개의 모서리, ω개의 연결성분을 갖는다면 G는 적어도 $\epsilon-\nu+\omega$개의 사이클을 가짐을 보이시오.

5. 다음 그래프의 생성나무는 모두 몇 개인가?

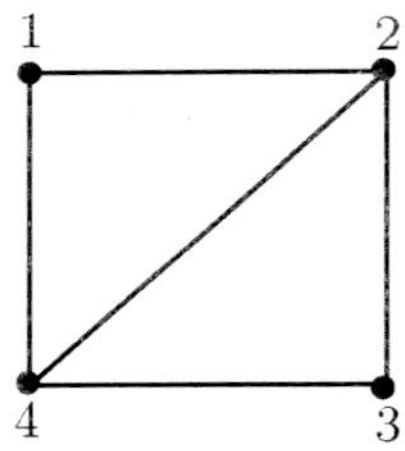

6. 정리 5.15를 이용하여 $\tau(K_4)$, $\tau(K_{3,3})$를 계산하시오.

7. K_n의 임의의 모서리 e에 대해서 K_n-e의 생성나무의 개수가 $(n-2)n^{n-3}$임을 보이시오.

5.4 그래프와 행렬

그래프를 표시하는 방법으로 꼭지와 모서리집합을 구체적으로 나열하는 방법, 그림으로 나타내는 방법, 그리고 다음과 같이 행렬로 표시하는 방법이 있다.

그래프 G가 m개의 꼭지 $v_1, v_2 \cdots, v_m$과 n개의 모서리 $e_1, e_2, \cdots, e_n$으로 구성되었다고 하자.

이웃꼭지행렬(adjacency matrix) $A = A(G) = (a_{ij})$는 $m \times m$ 행렬로서 각 행과 열은 꼭지로 번호 매겨지고 a_{ij}는 v_i와 v_j를 연결하는 모서리의 개수이다. 이웃꼭지행렬은 가장 일반적인 그래프 표현 방법으로서 대칭행렬이다. (즉 $a_{ij} = a_{ji}$) 그래프와 그것의 이웃꼭지행렬을 다음 그림에서 확인할 수 있다.

$G=$ 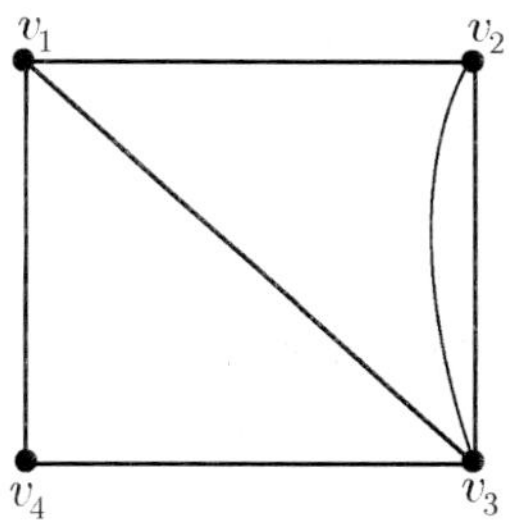

$A(G) =$

	v_1	v_2	v_3	v_4
v_1	0	1	1	1
v_2	1	0	2	0
v_3	1	2	0	1
v_4	1	0	1	0

[그림 5-11]

이웃꼭지행렬의 각 항은 두 꼭지를 연결하는 모서리의 개수이므로 길이 1인 걸음길의 개수로 볼 수 있다. 우리는 이것을 일반화하여 다음 정리를 얻는다.

정리 5.17

A를 m개의 꼭지를 갖는 그래프 G의 이웃꼭지행렬이라 하면 행렬 A^n의 (i, j)원소는 꼭지 v_i로부터 꼭지 v_j에 도달하는 길이가 n인 걸음길의 개수를 나타낸다.

증명 n에 관한 수학적 귀납법을 사용한다.

먼저 $n = 1$일 때 성립함은 당연하다.

$n = k-1$일 때 성립한다고 가정하자.

즉 $A^{k-1}=(a_{ij}^{(k-1)}), k \geq 2$ 에서 $a_{ij}^{(k-1)}$가 꼭지 v_i로부터 꼭지 v_j에 도달하는 길이가 $k-1$인 걸음길의 개수를 나타낸다고 하자.

$A^k=(a_{ij}^{(k)})$라 놓자. 그러면 $A^k=A^{k-1}\cdot A$이므로

$$a_{ij}^{(k)} = \sum_{p=1}^{m} a_{ip}^{(k-1)} a_{pj}$$

우변의 합을 이루는 항은 $a_{pj} \neq 0$일 때만 값을 가진다.

v_p, v_j를 잇는 모서리의 개수가 l 이면 $a_{pj}=l$ 이므로 $a_{ij}^{(k)}$는 v_i로부터 $v_p\,(p=1, 2, \cdots, m)$를 지나 v_j에 도달하는 길이 k인 걸음길의 개수이다.

정리 5.18

A가 그래프 G의 이웃꼭지행렬이라면 다음이 성립한다.

(1) G가 단순그래프라면 $d(v_i)=A^2$의 (i, i)-성분

(2) G에 고리가 없다면 G의 삼각형의 개수 $= \dfrac{\mathrm{tr}(A^3)}{6}$

증명 (1) 길이 2인 $(i\ i)$-길은 v_i에 달린 모서리의 개수만큼 있으므로 성립

(2) G의 삼각형은 각 v_i에 대해 길이 3인 $(i\ i)$-길이다. 예를 들어 v_1, v_2, v_3를 꼭지로 하는 삼각형을 보면 A^3에서 $(1, 1)$-성분에 2번 계산되는데$(1-2-3-1$, $1-3-2-1)$ $(2, 2)$-성분과 $(3, 3)$-성분에도 각각 2번 씩 계산되므로 삼각형 1개는 $\mathrm{tr}(A^3)$에 모두 6번 계산된다.

이웃꼭지행렬을 이용하여 주어진 그래프의 생성나무의 개수를 구할 수 있는데 이 정리를 matrix-tree 정리라 한다. 이 정리의 증명은 복잡하고 어려우므로 생략하고 우리는 예를 들어 확인하기로 한다.

정리 5.19 (matrix-tree 정리)

n개의 꼭지를 갖고 고리가 없는 연결그래프 G의 이웃꼭지행렬을 A라 하고 꼭지의 차수를 성분으로 하는 대각행렬을 D라 하자. 이 때 그래프 G의 생성나무의 개수는 행렬 $D-A$의 크기 $(n-1)$인 주부분행렬(principal submatrix)의 행렬식의 값이다.

예제 5-3

연습문제 5의 그래프 G의 생성나무의 개수를 구하여라.

풀이 그래프 G의 이웃꼭지행렬 A와 $D-A$를 구해보면,

$$A=\begin{pmatrix}0&1&0&1\\1&0&1&1\\0&1&0&1\\1&1&1&0\end{pmatrix},\quad D-A=\begin{pmatrix}2&-1&0&-1\\-1&3&-1&-1\\0&-1&2&-1\\-1&-1&-1&3\end{pmatrix}$$

이 행렬의 크기 3인 주부분행렬, 예를 들어 마지막 행과 마지막 열을 제외한 행렬의 행렬식의 값을 구해보면

$\begin{vmatrix}2&-1&0\\-1&3&-1\\0&-1&2\end{vmatrix}=8$이므로 생성나무의 개수는 8개이다.

■

예제 5-4

완전그래프의 생성나무에 관한 케일리의 정리를 matrix-tree 정리를 사용하여 증명하여라.

풀이 K_n의 이웃꼭지행렬을 A라 하면 A는 대각성분은 모두 0이고 나머지 성분은 모두 1인 정사각행렬이다. 따라서 $D-A$는 $nI-J$이다. 여기서 J는 모든 성분이 1인 n차 정사각행렬이다. 이 행렬에서 마지막 행과 마지막 열을 제외한 크기 $(n-1)$인 주부분행렬의 행렬식의 값을 구해보자.

$$\begin{vmatrix}n-1&-1&-1&\cdots&-1\\-1&n-1&-1&\cdots&-1\\-1&-1&n-1&\cdots&-1\\\vdots&\vdots&\vdots&\ddots&\vdots\\-1&-1&\cdots&-1&n-1\end{vmatrix}=\begin{vmatrix}1&-1&-1&\cdots&-1\\1&n-1&-1&\cdots&-1\\1&-1&n-1&\cdots&-1\\\vdots&\vdots&\vdots&\ddots&\vdots\\1&-1&\cdots&-1&n-1\end{vmatrix}=\begin{vmatrix}1&-1&-1&\cdots&-1\\0&n&0&\cdots&0\\0&0&n&\cdots&0\\\vdots&\vdots&\vdots&\ddots&\vdots\\0&0&\cdots&0&n\end{vmatrix}=n^{n-2}$$

첫째 행렬식의 제1열에서 차례로 2,$\cdots$ $n-1$번째 열을 빼면 두 번째 행렬식이 나온다. 이 행렬식에서 제 1행을 차례로 2,$\cdots$ $n-1$번째 행에서 빼면 세 번째 행렬식이 되고 그 값은 자명하다.

■

연습문제 5.4

Exercises

1. 완전그래프 K_4에서 서로 다른 두 꼭지 간에 길이가 3인 걸음길의 개수를 구하여라. 그리고 길이가 4인 걸음길의 개수도 구하여라.

2. 연습문제 5.3의 7번 문제를 정리 5.19를 이용하여 풀어보시오.

3. 다음 그래프의 이웃꼭지행렬을 구하고 꼭지 1과 꼭지 5사이에 길이 3인 걸음길의 수를 구하시오. 길이 4인 걸음길의 수는?

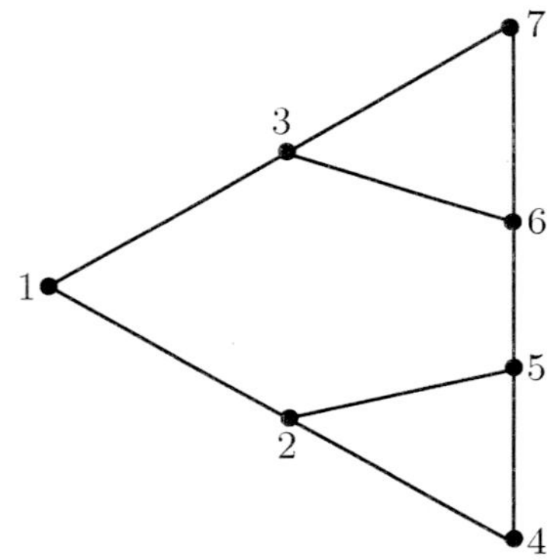

4. K_n의 임의의 모서리 e에 대해서 $K_n - e$의 생성나무의 개수를 정리 5.19를 이용하여 구하시오.

5.5 평면그래프와 4색정리

한 면(surface) S에 그래프 G를 모서리가 양 끝점에서만 만나고 서로 교차하지 않도록 그렸을 때 그래프 G가 면 S에 새겨졌다(embedded)고 부르고 G는 S에 새길 수 있다(embeddable)고 한다. 평면에 새길 수 있는 그래프를 평면꼴 그래프(planar graph)라 부르고 평면꼴 그래프 G를 평면에 새긴 것을 그래프 G의 평면그래프(plane graph)라 한다. 예를 들어, 아래 [그림 5-12]에서 그래프 (a)는 모서리가 교차하게 그려져 있지만 평면꼴 그래프이며 (b), (c)는 그 그래프의 두 평면 그래프이다.

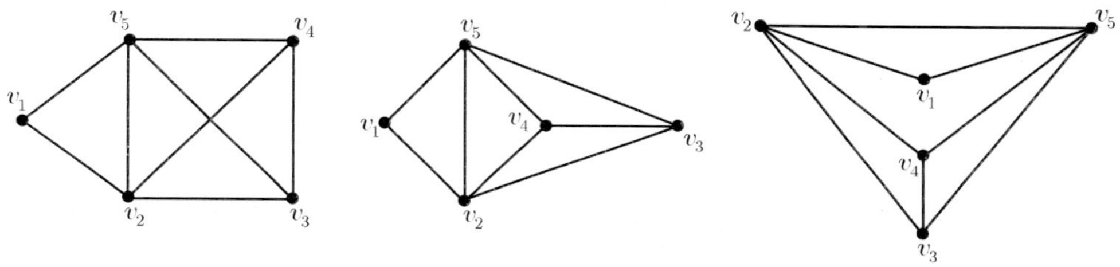

[그림 5-12] 한 평면꼴 그래프와 그것의 두 평면그래프

평면 그래프는 전체 평면을 모서리로 둘러싸인 영역(region)으로 분할하는 데 이런 영역을 면(face)이라한다. 이들 면 중에서 유계가 아닌 한 개의 면을 외면(exterior face), 나머지 면들을 내면(interior face)이라 부른다. 평면 그래프 G가 가진 면의 집합을 $F(G)$, 면의 수를 $\phi(G)$ 또는 간단히 ϕ로 나타낸다.

평면 그래프 G에 있는 면 f의 경계(boundary)는 면을 둘러싼 모서리를 의미하며 $b(f)$로 표시한다. G가 연결그래프이면 $b(f)$는 닫힌 걸음길이고 끊음모서리는 두 번씩 나타나며 끊음모서리가 없으면 $b(f)$는 사이클이다. 예를 들어, 아래 [그림 5-13] 그래프에서

$$b(R_2) = v_1 v_4 v_7 v_2 v_1 v_3 v_6 v_5 v_3 v_1, \quad b(R_4) = v_1 v_2 v_7 v_{11} v_8 v_{11} v_9 v_{11} v_{10} v_7 v_4 v_1$$

이다.

면 f의 차수(degree) $d(f)$는 f의 경계에 있는 모서리의 개수를 의미하는데 끊음모서리는 두 개로 간주된다. 예를 들어, $d(R_2) = 9$, $d(R_4) = 11$

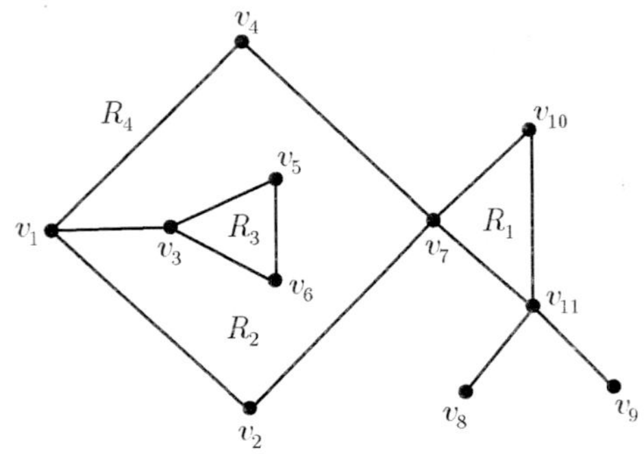

[그림 5-13]

정리 5.20

G가 평면 그래프일 때, $\sum_{f \in F(G)} d(f) = 2\epsilon$

증명 모든 면의 차수를 세면, 끊음모서리는 두 번 셈해지고 나머지 모서리는 두 개의 면에 경계가 되어 두 번 나타난다.

다음은 연결된 평면꼴 그래프의 꼭지의 개수, 모서리의 개수, 면의 개수에 관한 간단한 공식으로서 오일러공식(Euler's formula)이라 한다.

정리 5.21 오일러 공식(Euler's formula)

G가 연결된 단순 평면꼴 그래프일 때, $\nu - \epsilon + \phi = 2$

증명 G의 면의 개수 ϕ에 대한 수학적 귀납법으로 증명하자.

$\phi = 1$일 때, G는 사이클을 갖지 않은 연결그래프이므로 G는 나무이다. 5.3 절의 정리 2.1에 의해 $\epsilon = \nu - 1$이므로,

$$\nu - \epsilon + \phi = \nu - (\nu - 1) + 1 = 2.$$

$\phi \le n-1$인 모든 연결 평면 그래프에 대하여 정리가 성립한다고 가정하고, G를 $n(\ge 2)$개의 면을 가진 연결 평면 그래프라고 하자.

$\phi \ge 2$이므로 G는 적어도 하나의 내면을 가지는 데 이 면은 사이클로 둘러싸여 있

다. 싸이클의 한 모서리 e를 선택하면 $G-e$는 연결 평면 그래프이고, e를 사이에 둔 G의 두 면이 $G-e$에서 한 면으로 합쳐지므로, $G-e$는 $n-1$개의 면을 가진다. 귀납법의 가정에 의하여

$$\nu(G-e)-\epsilon(G-e)+\phi(G-e)=2$$

그런데 $\nu(G-e)=\nu(G)$, $\epsilon(G-e)=\epsilon(G)-1$, $\phi(G-e)=\phi(G)-1$이므로

$$\nu(G)-\epsilon(G)+\phi(G)=2$$

따름정리 5.22

$\nu \geq 3$인 연결된 단순 평면꼴 그래프 G에서는

$$\epsilon \leq 3\nu-6$$

증명 G의 모든 면 $f \in F(G)$에 대하여 $d(f) \geq 3$이므로

$$\sum_{f \in F(G)} d(f) \geq 3\phi$$

정리 5.20에 의하여 $2\epsilon \geq 3\phi$

따라서 정리 5.21에 의하여 $\nu-\epsilon+2\epsilon/3 \geq 2$

즉, $\epsilon \leq 3\nu-6$

따름정리 5.23

K_5는 평면꼴 그래프가 아니다.

증명 K_5가 평면꼴 그래프라면 따름정리 5.22의 관계식을 만족해야 한다.

$\epsilon(K_5)=\binom{5}{2}=10$, $\nu(K_5)=5$이므로 $10=\epsilon \leq 3\nu-6=9$가 되어 식이 성립하지 않으므로 K_5는 평면꼴 그래프가 아니다.

따름정리 5.24

$\nu \geq 3$인 연결된 단순 평면꼴 두갈래 그래프 G에서는

$$\epsilon \leq 2\nu - 4$$

증명 두갈래 그래프의 모든 사이클은 짝수 사이클이므로 평면 두갈래 그래프의 모든 면은 차수가 적어도 4이다. 정리 5.20에서 $4\phi \leq \sum_{f \in F(G)} d(f) = 2\epsilon$, 또는 $\phi \leq \epsilon/2$이다. 이것을 오일러 공식에 넣어 정리하면

$$\epsilon \leq 2\nu - 4$$

따름정리 5.25

$K_{3,3}$는 평면꼴 그래프가 아니다.

증명 $\epsilon(K_{3,3}) = 9$, $\nu(K_{3,3}) = 6$이므로 $2\nu - 4 = 8$이 되어 따름정리 5.24를 만족시키지 못한다. 따라서 $K_{3,3}$는 평면 그래프가 아니다.

따름정리 5.26

G가 연결된 단순 평면꼴 그래프일 때, $\delta(G) \leq 5$

증명 $\nu = 1, 2$일 때 정리는 자명하다.
$\nu \geq 3$이면, 당연히 $\nu \cdot \delta_G \leq \sum_{v \in V} d(v)$가 성립하고 $\sum_{v \in V} d(v) = 2\epsilon$ 이므로 따름정리 5.22에 따라 $\delta \cdot \nu \leq 6\nu - 12$ 이므로 $\delta \leq 6 - 12/\nu$ 가 되어 $\delta \leq 5$

이제 평면 새기기의 개념을 곡면으로 확장하기로 하자. 그래프 G의 모서리가 양 끝점에서만 교차하도록 곡면 S에 그릴 수 있을 때, G를 S에 새길 수 있는(embeddable)그래프라고 한다. 그리고 그렇게 S에 그려진 그래프를 S에서의 G의 새기기(embedding)라고 한다. [그림 5-14]에서 (a)는 토러스(torus)에서의 K_5의 새기기고, (b)는 뫼비우스의 띠(Möbius band)에서의 $K_{3,3}$의 새기기다.

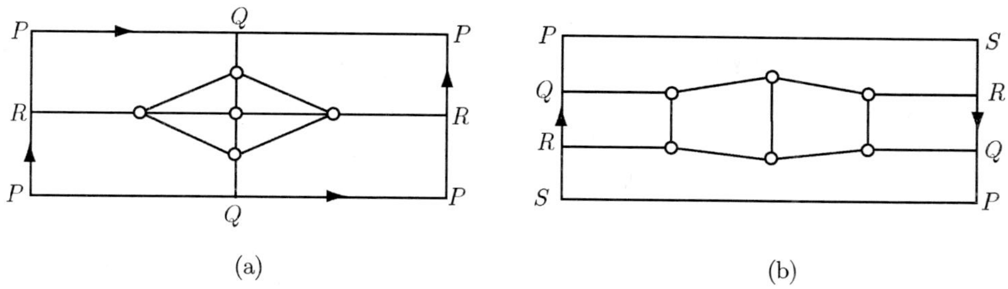

[그림 5-14]

참고로, 토러스는 직각사각형에서의 각각의 마주보는 두 변이 동일시된 것이고, 뫼비우스의 띠는 직사각형에서 한 쌍의 마주보는 두 변이 반뒤틀림(half-twist)한 후에 동일시된 것이다.(대응하는 변을 화살표의 방향이 일치하도록 붙인 것이다.)

지도를 만들 때 국경을 쉽게 확인할 수 있도록 인접한 나라끼리 서로 다른 색을 칠하여 구분하는 방법을 쓴다. 경험에 의하면 어떤 지도든지 4가지 색이면 색칠이 가능하다는 것이 19세기에 이미 널리 알려져 있었다. 지도제작을 하던 Guthrie 형제가 "일반적으로 모든 평면그래프를 4색으로 칠할 수 있는가" 하는 질문을 1852년 수학자 DeMorgan에게 문의하면서 우리가 4색 문제라 부르는 유명한 수학문제가 시작되었다. 이후 여러 수학자들이 이 문제에 관심을 가졌는데 모두 증명에 실패하였다. 그러다가 1879년 Kempe에 의해 이 문제의 증명이 발표되었고 이 문제는 다른 수학문제처럼 이렇게 끝나는 듯하였다. 그러나 10년 쯤 뒤에 Heawood는 이 증명에 문제가 있음을 찾아내고 4색으로는 증명할 수 없으나 5색으로는 색칠할 수 있음을 보였다. 이 문제는 다시 관심을 끌게 되고 이후 약 100년간 수많은 수학자들의 노력에도 불구하고 4색 문제는 해결되지 않았다. 마침내 1976년 일리노이 대학의 Apel, Haken에 의해 이 문제가 해결되었는데 그들은 슈퍼컴퓨터를 1000시간 넘게 사용하여 증명하였다. 그러므로 컴퓨터의 힘을 빌리지 않은 증명은 아직도 유효하다.

먼저 그래프의 색칠에 대해 알아보기로 하자. 그래프 G의 k-꼭지색칠(vertex coloring)은 G의 모든 꼭지에 k개의 색 $1, 2, \cdots, k$ 중에 하나를 지정(assignment)하되 어느 두 이웃한 꼭지도 같은 색을 갖지 않도록 하는 것을 말한다. 그래프 G가 k-꼭지색칠을 가질 때, G는 k-꼭지색칠가능(k-vertex colorable)이라 한다. G가 k-색칠가능이기위한 필요충분조건은 G의 바탕단순그래프(Underlying simple graph) 가 k-색칠가능인 것이다. 따라서 색칠에 관한 논의는 단순그래프에만 국한시키기로 한다. 그래프 G의 k-꼭지색칠은 꼭지 집합 V를 분할한다. 즉 꼭지 집합의 서로소인 부분집합 $\{V_1, V_2, \cdots, V_k\}$이 있어서 각 V_i는 색 i가 부여된 꼭지들로 이루어진 V의 부분집합 (공집합도 가능)이다. 단순그래프가 1-색칠가능이기위한 필요충분조건은 빈그래프인 경우이고, 2-색칠가능이기위한 필요충분조건은 두갈래 그래프임은 쉽게 알 수 있다.

지도에 색칠하는 것은 면에 색칠하는 것이므로 꼭지색칠의 개념과 용어를 사용하기위해 쌍대그래프의 꼭지 색칠로 생각한다. 평면그래프 G가 주어졌을 때, 그 쌍대그래프 (dual graph) G^*의 정의는 다음과 같다. G의 각 면 f에 대응하는 G^*의 꼭지를 f^*라 하고, G의 각 모서리 e에 대응하는 G^*의 모서리를 e^*라 한다. G^*의 두 꼭지 f^*, g^*가 G^*의 모서리 e^*로 연결된다는 것은 G의 두 면 f, g가 G의 모서리 e로 나누어지는 것이다. 평면그래프 G의 쌍대그래프 G^*가 역시 평면그래프인 것은 쉽게 알 수 있으며 e가 G의 고리일 때, e^*는 G^*의 절단선이고, 또 그 역도 성립한다.

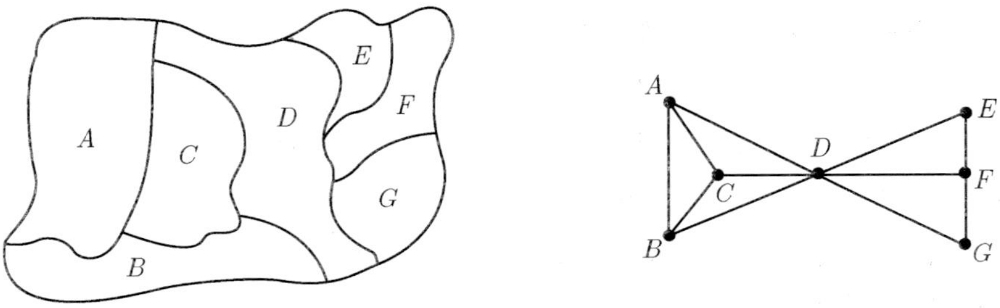

(a) (b)

[그림 5-15] 평면그래프로 표시된 지도와 쌍대그래프

그러나 동형인 두 평면꼴 그래프의 쌍대그래프는 동형이 아닐 수도 있다.

다음 [그림 5-16]에서 (a)와 (b)는 동형그래프이다. 그러나 (a)는 차수가 5인 면을 갖지만, (b)는 그런 면을 갖지 않는다. 따라서 이들의 쌍대그래프는 동형일 수 없다. 즉 쌍대그래프 개념은 평면그래프에서만 의미가 있고, 평면꼴 그래프로는 확장될 수 없다.

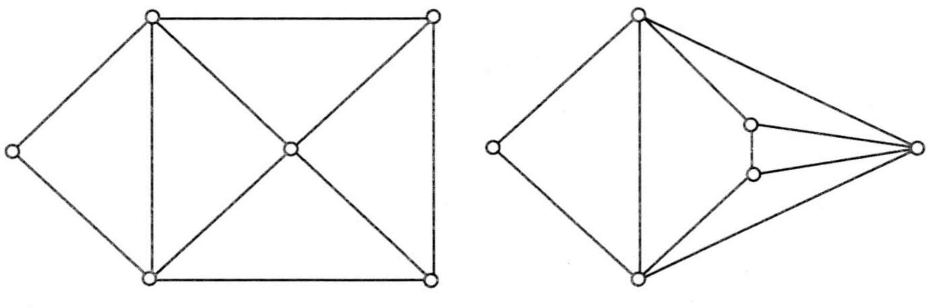

(a) (b)

[그림 5-16]

다음 관계식은 G^*의 정의로부터 쉽게 얻는다.

$$\nu(G^*) = \varnothing(G)$$
$$\epsilon(G^*) = \epsilon(G)$$
$$d_{G^*}(f^*) = d_G(f),\ [\forall f \in F(G)]$$

참고로 G^*의 쌍대그래프 G^{**}에 대하여, G가 연결그래프이면 $G^{**} \cong G$을 증명할 수 있다.

정리 5.27

G가 평면그래프일 때, $\displaystyle\sum_{f \in F(G)} d(f) = 2\epsilon$

증명 G^*를 G의 쌍대그래프라고 하면

$$\sum_{f \in F(G)} d(f) = \sum_{f^* \in V(G^*)} d(f^*)$$
$$= 2\epsilon(G^*)$$
$$= 2\epsilon(G)$$

평면 지도의 4-색칠가능(즉 쌍대그래프가 4-꼭지색칠가능)을 보이기 위해 모든 평면그래프를 확인할 필요는 없다는 것이 다음 정리다.

정리 5.28

만약 ν개의 꼭지를 갖고 모든 면이 삼각형인 임의의 평면꼴 그래프가 c-색칠가능하다면($c > 1$) ν개의 꼭지를 갖는 모든 평면꼴 그래프도 c-색칠가능하다.

증명 차수 1인 꼭지를 더하거나 빼도 c-색칠가능성은 바뀌지 않으므로 모든 꼭지는 차수가 적어도 2라고 가정한다. 평면그래프의 삼각형이 아닌 면의 개수를 n이라하고 n에 대한 수학적 귀납법을 이용하여 증명하자.

$n = 0$면 가정에 의해 정리가 성립한다.

$n = k$일 때 정리가 성립함을 가정하자.

$n = k+1$일 때 정리가 성립함을 보이기 위해 G가 $k+1$개의 비삼각형 면을 가진 평면그래프라고 하자. G의 비삼각형 면 중에 하나가 $v_1 v_2 \cdots v_r$라 하면 차수 1인 꼭지가 없으므로 이 면의 경계는 다각형모양이다. 꼭지 v_1과 이것에 이웃하지 않은 꼭지 $v_3, v_4, \cdots, v_{r-1}$를 잇는 모서리를 서로 교차하지 않도록 다각형 안에 추가한 그래프를 G'라 하자. 앞에서 추가한 모서리 때문에 G'은 비삼각형 면을 k개 갖고 있으며 귀납법 가정에 의해 G'은 $c-$색칠가능하다. 이 색칠은 G의 색칠이기도 하므로 G도 $c-$색칠가능하다.

정리 5.29

모든 평면꼴 그래프는 5-색칠가능하다.

증명 그래프의 꼭지 수에 대한 수학적 귀납법을 사용하여 증명하기로 한다.

꼭지의 수가 5개 이하인 모든 그래프는 5색으로 칠할 수 있음이 명백하다.

꼭지수가 m개 이하인 모든 평면꼴 그래프에 대해 정리가 성립함을 가정하고 꼭지의 수가 $(m+1)$개인 평면꼴 그래프의 평면새김을 G라 하자. G는 평면그래프이므로 따름정리 5.26에 의해 $d(v) \le 5$인 꼭지 v가 있다. 귀납법 가정에 따라 $G-v$는 5-색칠가능이므로 그런 5-색칠 중 하나를 C라고 하자.

만약 $d(v) \le 4$라면 5가지 색깔 중에 v의 이웃한 꼭지에 쓰이지 않은 색깔이 있으므로 그 색깔로 v를 칠하면 G를 5색으로 칠할 수 있다.

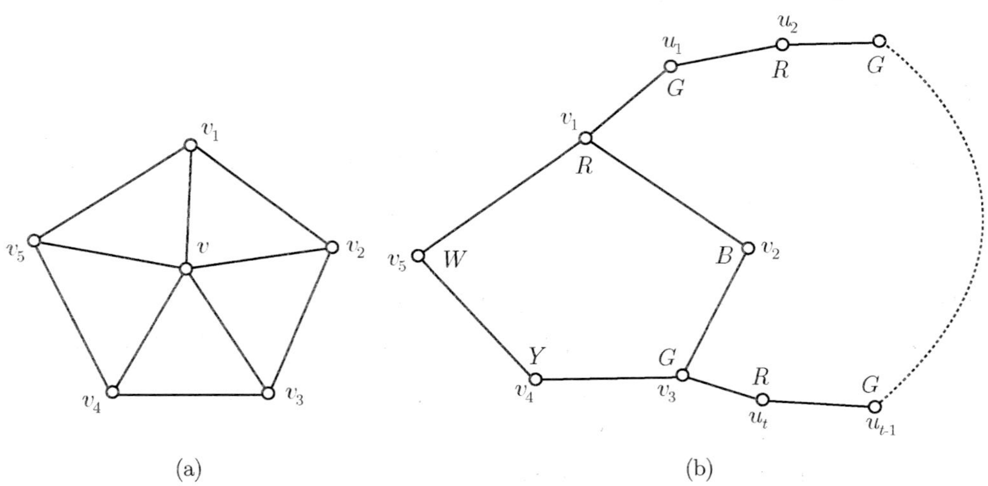

[그림 5-17]

$d(v)=5$이고 5가지 색깔 중에 v의 이웃한 꼭지에 쓰이지 않은 색깔이 있는 경우도 마찬 가지므로 우리는 v의 이웃한 꼭지에 5색이 모두 쓰인 경우를 생각하기로 한다.

이제 v에 이웃한 꼭지를 시계방향으로 v_1, ..., v_5라 하고 각 꼭지에 차례로 5가지 색(Red, Blue, Green, Yellow, White)이 칠해져있다 하자.(그림 5-17(a))

증명의 요점은 C를 적당히 바꾸어 $G-v$를 5색으로 칠하면서도 언제나 5색 중 하나를 v_1, ..., v_5 에 중복하여 사용할 수 있음을 보이기로 한다. 그러면 남은 색을 v에 색칠하면 그래프 전체가 5색칠 가능하다.

$G-v$에 색칠 C를 지정한 그래프를 $\hat{G}$이라 하고 꼭지 사이에 동치관계를 다음과 같이 정의한다. $\hat{G}$의 두 꼭지 x,y가 RG-동치관계라는 것은 두 꼭지를 연결하는 길이 있으며 길에 있는 모든 꼭지는 R또는 G로 교대로 색칠된 것이다.(임의의 두 색깔에 대해서 같은 방법으로 정의함) 예를 들어 꼭지 v_1의 RG-동치류는 v_1에서 시작하여 R과 G를 교대로 색칠하여 다다를 수 있는 모든 꼭지이다. 따라서 v_1의 RG-동치류에 v_3가 포함된다는 것은 v_1에서 R과 G를 교대로 색칠하여 v_3에 도달할 수 있다는 의미다.(그림 5-17(b))

먼저 v_1의 RG-동치류에 v_3가 포함되지 않은 경우를 보자. 이 동치류에 속한 모든 꼭지의 색깔을 서로 바꾸어 칠하면 v_1의 색칠이 R에서 G가 되어 R이 남는다. 이렇게 색깔을 바꾸어도 $G-v$를 5색으로 칠할 수 있는 것은 v_1의 RG-동치류에 포함되지 않은 꼭지들은 어차피 R, G가 아니므로 바꾼 색칠에 영향을 받지 않기 때문이다.

둘째로 v_1의 RG-동치류에 v_3가 포함된 경우를 생각해보자. 이 경우 v_1에서 R과 G를 교대로 색칠하여 v_3에 도달할 수 있는 길이 있으므로 이 길에 모서리 $(v,\ v_1)$과 $(v,\ v_3)$를 더하면 사이클 P를 이룬다. 이 사이클은 평면을 안쪽과 바깥쪽 둘로 나누는데 v_2와 v_4는 같은 쪽에 있을 수 없다. 이제 v_2의 BY-동치류를 보면 v_4는 이 동치류에 속할 수 없다. 그 이유는 v_2에서 B와 Y를 교대로 써서 v_4에 도달하려면 P의 한 점을 지나야하는데 P의 모든 점은 R 또는 G 이므로 불가능하다. 따라서 v_2의 BY-동치류에 속한 모든 점의 색깔을 서로 바꾸면 v_2의 색이 Y가 되어 v를 B로 칠할 수 있다.

Apel, Haken에 의해 4색 정리가 증명되었으므로 우리는 증명 없이 다음 정리를 인정하기로 한다. 그리고 Kempe의 증명을 살펴보고 무엇이 잘못되었는지 알아보기로 한다.

정리 5.30

모든 평면그래프는 4-색칠가능하다.

증명 (Kempe) 정리 5.29의 증명에 쓰인 용어와 방법을 그대로 사용하기로 한다.

$d(v) = 4, 5$인 경우만 보이면 된다.

첫째로 $d(v) = 4$인 경우, v와 이웃한 꼭지를 시계방향으로 v_1, v_2, v_3, v_4이라 하고 각 꼭지에 차례로 4가지 색(Red, Blue, Green, Yellow)이 칠해졌다고 하자. v_1의 RG-동치류에 v_3가 포함되지 않은 경우에 v_1의 색칠을 R에서 G로 바꿀 수 있으므로 4-색칠이 가능하다. v_1의 RG-동치류에 v_3가 포함된 경우 v_1에서 R과 G를 교대로 색칠하여 v_3에 도달할 수 있는 길이 있으므로 사이클 P가 존재하여 v_2와 v_4는 같은 쪽에 있을 수 없다. 정리 5.29의 증명에서와 마찬가지 이유로 v_2의 색을 Y로 바꿀 수 있어 v를 B로 칠할 수 있다.

둘째로 $d(v) = 5$인 경우 이제 v에 이웃한 꼭지를 시계방향으로 v_1, ..., v_5라 하고 4색칠 C가 각 꼭지에 차례로 4가지 색 (Red, Blue, Green, Yellow, Blue)을 칠한 것이라 하자. 5개의 점을 4색으로 칠하므로 중복으로 칠한 것이 있어 위와 같이 가정해도 무방하다. v_1의 RG-동치류에 v_3가 포함되지 않은 경우에 v_1의 색칠을 R에서 G로 바꿀 수 있으므로 v_1의 RG-동치류에 v_3가 포함된 경우만 생각하기로 한다. 이 경우 v_1에서 R과 G를 교대로 색칠하여 v_3에 도달할 수 있는 길이 있으므로 사이클

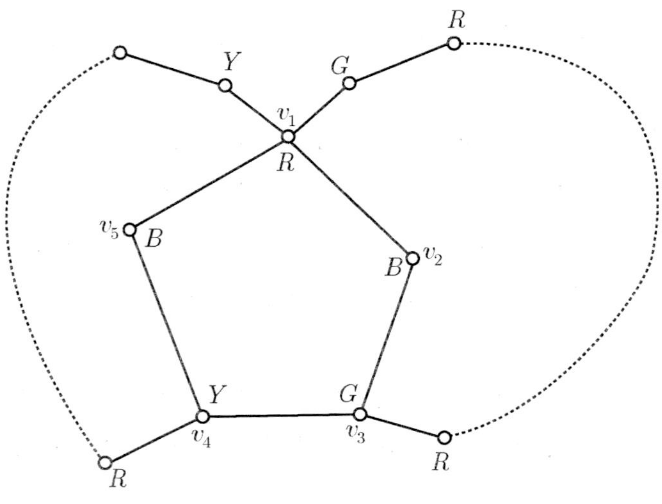

[그림 5-18]

P_1이 존재한다. v_2와 v_4는 같은 쪽에 있을 수 없다. 이제 v_1의 RY-동치류를 생각하는데 v_4가 포함되지 않은 경우는 v_1의 색칠을 R에서 Y로 바꿀 수 있으므로 v_1의 YG-동치류에 v_4가 포함된 경우만 해결하면 된다. 이 경우 v_1과 v_4가 포함된 YG-사이클 P_2가 존재한다.(그림 5-18) 그러면 v_2의 BY-동치류에는 v_4가 포함될 수 없고 v_5의 BG-동치류에는 v_3가 포함될 수 없다. 따라서 동치류 에서 각각 색깔을 바꿀 수가 있는데 v_2를 Y로, v_5를 G로 바꾸면 B가 남아 이것으로 v를 칠하면 된다.(어디가 잘못된 것인가?)

연습문제 5.5 Exercises

1. K_5의 임의의 모서리 e에 대해 $K_5 - e$는 평면꼴 그래프임을 보이시오.

2. $K_{3,3}$의 임의의 모서리 e에 대해 $K_{3,3} - e$는 평면꼴 그래프임을 보이시오.

3. (1) G가 단순그래프로서 $\nu \geq 11$일 때, G나 G^c가 평면꼴 그래프가 아님을 증명하시오.

(2) $\nu = 8$이고 G^c가 평면꼴 그래프인 단순 평면꼴 그래프 G를 구하시오.

4. (1) 4-정규그래프 중에서 단순 평면그래프인 가장 작은 예를 드시오.

(2) 5-정규그래프 중에서 단순 평면그래프인 가장 작은 예를 드시오.

5. G가 연결된 평면 그래프이고, $\epsilon = 3\nu - 6$이면 모든 면은 삼각형임을 증명하시오.

6. 4-정규그래프가 단순 평면그래프이고 ν개의 꼭지와 12개의 면을 갖는다면 ν의 값은 얼마인가?

7. 연결성분이 ω개인 끊긴 평면 그래프에 대해 오일러 공식이 성립하도록 변형하시오.

8. 플라톤 그래프(Platonic graph)는 평면꼴그래프로서 모든 꼭지의 차수가 $d_1(\geq 3)$이고 모든 면의 차수가 $d_2(\geq 3)$인 것이다.

(1) G가 플라톤 그래프이면 $\epsilon = d_1\nu/2,\ \phi = (d_1/d_2)\nu$ 임을 보이시오.

(2) 오일러 공식과 (1)를 이용하여 $\nu(2d_1 + 2d_2 - d_1 d_2) = 4d_2$ 임을 보이시오.

(3) 부등식 $(d_1 - 2)(d_2 - 2) < 4$ 을 증명하시오.

(4) 가능한 플라톤 그래프를 모두 구하시오.

9. 정리 5.30의 증명에서 잘못된 것은 무엇인가?

참고문헌

[1] 김철언, 그래프론과 알고리듬, Postech Press, 1997

[2] 윤영진, 새로운 조합수학, 교우사, 2008

[3] Kenneth Bogart, Introductory Combinatorics 2nd ed., Academic Press, 1990

[4] J. Bondy and U. Murty, Graph Theory with Applications, The Macmillan Press Ltd., 1977

[5] Richard Bruali, Introductory Combinatorics, Elsevier North-Holland, Inc., 1977

[6] Bradley Jackson and Dmitri Thoro, Applied Combinatorics with Problem Solving, Addison-Wesley, 1990

[7] Alan Tucker, Applied Combinatorics 3rd ed., John Wiley & Sons, Inc., 1995

해답 연습문제 답과 힌트

1장 조합수학입문

연습문제1.1

1. (1) $n(n-1)/2$ (2)경기당 1팀이 탈락하므로 $n-1$.
(3) 1팀이 탈락하려면 2경기가 필요하므로 $2n-1$ 또는 $2n-2$.

3. 8리터, 5리터, 3리터 그릇에 들어있는 술의 양을 (i, j, k)로 표시하자. 끝에서부터 생각하면 $(4, 4, 0) \to (1, 4, 3) \to (1, 5, 2) \to (6, 0, 2)$ 가 가능하다. 다시 처음부터 생각하면 $(8, 0, 0) \to (3, 5, 0) \to (3, 2, 3) \to (6, 2, 0) \to (6, 0, 2)$.

5. (1) 끝에서부터 생각하면 96, 92, ...번째 동전을 쌓아야 한다. 즉 4의 배수를 선점해야 하므로 나중에 하는 사람이 이긴다.
(2) 99,95,...즉 $4n+3$번째 동전을 쌓는 사람이 이긴다. 따라서 처음에 3개를 쌓는다.

7. 동전이 같은 개수의 2 뭉치가 되도록 만드는 사람이 이긴다. 따라서 3 뭉치로 이길 수 있는 가장 간단한 경우는 1, 2, 3인 경우다. 따라서 3개에서 2개를 가져와 1,4,5로 만들면 상대가 어떻게 해도 1,2,3으로 만들 수 있다. 일반적으로 각 뭉치의 수를 2진법으로 표시하고 각 자리 수 마다 1의 개수가 짝수가 되도록 하면 이긴다.

9. 갑에게 을이 보통사람인지 묻는다. 답이 예라면 병이 참말쟁이, 답이 아니오면 을이 참말쟁이다. 이제 알려진 참말쟁이에게 갑이 보통사람인지 묻는다.

연습문제1.2

1. $n=1, 2, 3$일 때 차례로 값을 구해보면 $1/2$, $2/3$, $3/4$이므로 일반적으로 합은 $n/(n+1)$.

2. n이 제곱수일 때. 약수의 개수는 정수를 소인수분해한 각 인수의 지수가 $e_{1,} ... e_k$일 때 $(e_1+1) \cdots (e_k+1)$개이므로 이것이 홀수라면 각각의 지수는 모두 짝수.

5. $n=3x+5y$가 성립한다면 $n+1$도 같은 형태로 쓸 수 있음을 보인다.

2장 순열과 조합

연습문제 2.1

1. $540 = 2^2 3^3 5$, $432 = 2^4 3^3$. 공약수는 $2^i 3^j$, $(0 \le i \le 2, 0 \le j \le 3)$꼴이다. 따라서 12개.

3. 중복을 허락하면 26^4개. 중복을 허락하지 않으면 $P(26, 4)$개.

5. (1) $9 \cdot 10^4$개 (2) $5 \cdot 9 \cdot 10^3$개.
(3) 3이 첫 자리인 경우와 다른 자리의 경우로 나누어 생각한다.
(4) 처음 3자리만 결정하면 된다.

7. (1) 8명이 6명과 악수하므로 $48/2 = 24$.
(2) 남자 4명이 3회 춤을 추면 모두 12회

9. $4! \cdot 9!$

11. 768

13. 힌트: 수학적귀납법을 이용.

연습문제 2.2

1. $C(3, 2)\,C(5, 2)$

3. $6 \cdot 5! P(21, 5)$

5. $6! \cdot 8! \cdot 5! \cdot 3!$

7. 10개의 구슬로 원순열을 만드는 가지수는 $9!$. 목걸이는 뒤집어질 수 있으므로 $9!/2$.

9. 전체 가지수는 $C(52, 2)$. 2장이 페어가 되는 가지수는 $13C(4, 2)$다.

11. (1)188 (2) 612 첫째 카드가 스페이드 퀸인 경우가 있어 두 가지를 생각

13. 신발을 선택하는 가지수는 $C(8, 2)\,C(8, 2)$. 모두 짝이 맞지 않는 경우는 $C(8, 2)\,C(6, 2)$.
따라서 구하는 확률은 $1 - C(6, 2)/C(8, 2) = 13/28$

15. 세 수가 모두 짝수인 경우는 $C(9, 3)$. 짝수 1개, 홀수 2개를 선택하는 가지수는 $9C(10, 2)$.
따라서 두가지 경우를 더한다.

연습문제 2.3

1. $\{1, 5, 5, 5, 6, 6\}$의 중복순열이다. $6!/3!2!$

3. 240.

5. S를 제외하고 나머지를 나열하는 방법은 $7!/4!2!$. 4개의 S를 사이에 끼워 넣는 방법은 $C(8,4)$.

7. $H(6,3)$.

9. $840 + 360 + 40 + 4 + 1$번째.

11. (1) $C(14,4)$. (2) $H(5,11) = C(15,4)$.

13. $x_1 + x_3 = 6$, $x_2 + x_4 + x_5 = 19$의 해의 개수를 구한다.

15. $C(2n+3,3) - 4C(n+2,3)$

연습문제2.4

3. $x^4+y^4+z^4+4(xy^3+xz^3+yx^3+yz^3+zx^3+zy^3)+6(x^2y^2+y^2z^2+x^2z^2)$
$+12(x^2yz+y^2xz+z^2xy)$

9. 2^n+2^{n-1}

11. $n(n+1)2^{n-2}$

15. $2^4 8!/3!3!2!$

3장 배열과 분배

연습문제 3.1

1. 109명

3. (1) 합이 101이 되는 쌍을 생각한다. (1, 100), (2, 99), ..., (49, 52), (50, 51) 모두 50개의 쌍이 있으므로 51개의 수를 택하면 반드시 위의 쌍 중에 하나가 있다.

(2) 1, 2, ..., 50, 100을 선택한다.

5. 42개

7. n^2+1

9. 원탁을 시계방향으로 한 자리씩 돌리면서 손님과 명찰이 일치하는 회수를 생각한다. 이것을 $R_0=0,\ R_{1,}\cdots R_9$라 하자. 모든 손님은 원탁을 돌리는 과정에서 한 번은 명찰과 일치한다. 따라서 $R_1+\cdots+R_9=10$. 따라서 어느 한 $R_i=2$.

11. 12로 나눈 나머지를 이용.

연습문제 3.2

1. $3\cdot 9^n$.

3. 5명, 15명,

5. $(2^8-C(8,0)-C(8,1))/2^8$.

7. 480개.

9. (1)$9^4+8\cdot 9^3-8^4$. (2) $9\cdot 10^3-8^4$.

11. $10!/2^5-\binom{5}{1}5\cdot 8!/2^4+\binom{5}{2}5\cdot 4\cdot 6!/2^3-\binom{5}{3}5\cdot 4\cdot 3\cdot 4!/2^2+\binom{5}{4}5!-\binom{5}{5}5!$

13. $\displaystyle\sum_{k=0}^{n}(-1)^k\binom{n}{k}\frac{(2n-k)!}{2^{n-k}}$.

15. (1)$\binom{30+40-1}{30}-\binom{4}{1}\binom{19+4-1}{19}+\binom{4}{2}\binom{8+4-1}{8}$

(3) $H(4,30)-[H(4,24)+H(4,19)+H(4,14)+H(4,8)]$
$+[H(4,13)+H(4,8)+H(4,2)+H(2,3)]$

17. $10^4 - 10\binom{4}{2}9^2 + \binom{10}{2}\binom{4}{2}$.

19. (1)$5! - 6 \cdot 4! + 12 \cdot 3! - 2^4$. (2) $10! - 5 \cdot 2 \cdot 9! + \binom{5}{2}2^2 \cdot 8! - \cdots - \binom{5}{5}2^5 5!$

연습문제 3.3

1. $H(4,10)$

3. (1) 5^{20}. (2) $\binom{5}{2}20!/7!7!2!2!$. (3) $20!/4!^4$.

5. (1) $4^3\binom{9+4-1}{9}$. (2) $P(4,3)\binom{9+4-1}{9}$. (3)4^3

7. $H(8,15)$.

9. (1) $S(9,3)$ (2) $\dfrac{9!}{3!3!3!3!}$.

11. 29!

13. (1) $(3^{n-1} - 2^n + 1)/2$.

15. $\binom{40}{10}\binom{30}{10}\binom{20}{5}\binom{15}{5}\binom{10}{5}\binom{5}{5}/2!4!$

17. 210

4장 점화식과 생성함수

연습문제 4.1

1. $a_n = a_{n-1} + a_{n-2}$. $a_{6=13}$.

3. $a_n = a_{n-1} + a_{n-2}$. $a_n = 2(a_{n-1} + a_{n-2})$.

5. $a_n = a_{n-1} + (n-1)$.

7. $a_{n,k} = a_{n-2,k-1} + a_{n-1,k}$.

9. $a_{n,k} = a_{n-1,k} + a_{n,k-1}$

11. $a_n = 2a_{n-1} - a_{n-3} + 2^{n-3}$.

13. $a_n = 3a_{n-1} - a_{n-3}$

연습문제 4.2

1. (1) $a_n = (2/5)4^n + (3/5)(-1)^n$. (3) $a_n = (1/2)3^n + (1/2)(-2)^n$.

(5) $a_n = -3(-1)^n + (\frac{10+\sqrt{5}}{5})(\frac{\sqrt{5}-1}{2})^n + (\frac{10-\sqrt{5}}{5})(\frac{-\sqrt{5}-1}{2})^n$

(7) $a_n = -1/6(-1)^n + \frac{7-3\sqrt{3}}{12}(2+\sqrt{3})^n + \frac{7+3\sqrt{3}}{12}(2-\sqrt{3})^n$

3. $c_1 = 9,\ c_2 = -18.$

5. (1) $a_n = \frac{3}{2}(-1)^n - \frac{1+3i}{2}(i)^n - \frac{1-3i}{2}(-i)^n + \frac{1}{2}.$

(3) $a_n = 4(2)^n + \frac{9}{4}(5)^n - \frac{3^{n+2}}{2} + \frac{1}{4}.$ (5) $a_n = \frac{1}{3}(-2(-1)^n + 2^{n+1})n.$

7. $a_n = 2a_{n-1} + 2^{n-1},\ a_n = 2^n + n2^{n-1}.$

연습문제 4.3

1. (1) $(1+x+x^2+\cdots)^4$

(2) $(x^3+x^5+x^7)(x^2+x^4+x^6+x^8)(x^2+x^3+\cdots+x^8)^2$

(3) $(1+x+x^2+x^3+x^4)^5$

3. $\binom{9+6-1}{9} - \binom{4+6-1}{4}$

5. (1) $\binom{10+4-1}{10} - 3\binom{9+4-1}{9}$ (2) $\frac{1}{3}(2^{12}+2)$

7. (1) $1/(1-x)^5$ (2) $x^5/(1-x)^5$ (3) $\binom{5}{2}/(1-x)^3$

9. (1) $(x+x^2+x^3+\cdots)^7$ (2) $(1+x+x^2+x^3+x^4)^6$

(3) $(x^5+x^6+x^7+\cdots)^4$ (4)$(x^3+x^4+\cdots+x^7)^5$

11. 생성함수는 $(x+x^2+\cdots+x^6)^6$, x^{20}의 계수를 구하면 $H(6,14) - \binom{6}{1}H(6,8) + \binom{6}{2}H(6,2)$

13. (1) $\binom{n+1}{2}$ (2) $3\binom{n+2}{3} + 3\binom{n+1}{3}$ (3) $3\binom{n+1}{2} + 7(n+1)$ (4) $24\binom{n+1}{5}$

15. $x^5(1+x+x^2+\cdots)^2(x^2+x^3+x^4+\cdots)^4 = x^{13}(1+x+x^2+\cdots)^4,\ \binom{17}{4}.$

17. (1) $(1+x^2+x^4+\cdots)(1+x^4+x^8+\cdots)(1+x^6+x^{12}+\cdots)\cdots$

(2) $(1+x)(1+x^3)(1+x^5)(1+x^7)\cdots$

19. n의 분할에서 분할 원소 1을 빼면 $n-1$의 분할이 되고 역으로 $n-1$의 분할에다 1을 더하면 n의 분할이다.

21. 두 분할의 생성함수를 구하면 같은 함수가 된다.

연습문제 4.4

1. $(1+x+x^2/2!+\cdots+x^5/5!)^5.$

3. $(1+x)^5e^{21x}.$

5. $(1+x+x^2/2!+x^3/3!+x^4/4!)^{13}$에서 $x^{13}/13!$의 계수.

7. $(4^r-3^r-2^r)/2$

9. $4^r/2.$

11. $e^{3x}(e^x-1-x)$에서 $x^8/8!$의 계수.

13. $1+x+2x^2/2!+\cdots+2^{n-1}x^n/n!+\cdots$

연습문제 4.5

1. (1) $\dfrac{1}{1-x}+\dfrac{2}{(1-x)^2}$. (2) $\dfrac{1-2x}{1-3x+2x^2}$ (3) $\dfrac{1}{1-x}+\dfrac{2x^2}{(1-3x)^3}$ (4) $\dfrac{1}{(1-2x)^2}$

3. $F_n(x)=F_{n-1}(x)+xF_n(x)$. $F_n(x)=(1-x)^{-n}$

5장 그래프 이론

연습문제 5.1

1. $4\nu \le \sum d(v)=2\epsilon=50$, 따라서 $\nu \le 50/4$. 꼭지는 최대 12개.

3. 꼭지의 수가 ν 일 때 모서리는 최대 $\nu(\nu-1)/2$ 개 있다. $\nu(\nu-1)/2 \ge 50$ 에서 ν 의 최소값은 11.

5. $(a, b, c, d, e, f, g)\to(1, 4, 7, 3, 6, 2, 5)$로 대응 시킨다.

6. 꼭지 개수에 따라 차례로 1, 1, 1, 2, 3, 6, 11개 있다.

7. 11개

9. $\nu(K_{m,n})=m+n$, $\epsilon(K_{m,n})=mn$. $4mn \le (m+n)^2$ 을 이용한다.

11. 차수의 합이 홀수이므로 불가능.

13. $\omega(G) \le \omega(G-e)$임은 자명하다. e의 양 끝점이 $G-e$의 같은 성분에 있다면 $\omega(G)=\omega(G-e)$, 다른 성분에 있다면 $\omega(G)=\omega(G-e)+1$.

연습문제 5.2

1. n이 홀수일 때.

3. $\nu=2n$일 때 $2n-1$개의 꼭지는 차수 2, 나머지 꼭지는 차수 4로 하면 모서리 수는 $2n+1$. 다른 경우도 많이 만들 수 있음.

5. Herschel 그래프는 두갈래그래프다. 두 가름의 크기가 5, 6이므로 해밀턴그래프가 될 수 없다.

7. (a) 바닥에 놓인 모서리가 끊음모서리. 따라서 아니다. (b) 정리 5.8 이용. (c)해밀턴그래프이다.

9. 모든 그래프에는 홀수점이 짝수개 있다. 또한 어떤 연결성분에도 홀수점이 짝수개 있다. 따라서 홀수점을 잇는 걸음길이 있다.

연습문제 5.3

1. 어느 한 꼭지를 기준으로 거리가 짝수인 꼭지와 홀수인 꼭지로 나눈다.

3. 꼭지의 차수를 크기 순으로 $d_1, d_2, \cdots d_\nu$ 라 하자. 잎의 수를 k라 하면 $d_1=\cdots=d_k=1$.

$$\sum|d(v)-2|=d_1+\cdots+d_k+\sum_{i=k+1}^{\nu}(d_i-2)=\sum_{i=1}^{\nu}d_i-2(\nu-k).$$

$\sum d_i=2\epsilon=2\nu-2$.를 대입한다.

5. 8개.

7. K_n의 생성나무를 (i) 모서리 e를 사용한 생성나무 (ii) 모서리 e를 사용하지 않은 생성나무로 나누고 n^{n-2}-(i)의 개수를 구한다. 꼭지의 번호를 다시 매겨 $e=(v_{n-1}, v_n)$이라 해도 상관없다. 이 때 모서리 e를 사용한 생성나무의 프리퓌 코드는 $(a_1, \ldots a_{n-3}, v_{n-1})$ 또는 $(a_1, \ldots a_{n-3}, v_n)$ 꼴이다. 각 a_i는 n가지 선택이 가능하므로 모두 $2n^{n-3}$개 있다.

연습문제 5.4

1. 7, 20

연습문제 5.5

3. G가 평면꼴이면 G^c가 평면꼴이 아님을 보인다. $\epsilon(G)=\epsilon \leq 3\nu-6$ 이라면 $\epsilon^*=\epsilon(G^c)=\nu(\nu-1)/2-\epsilon$. $\epsilon^* > \nu(\nu-1)/2-(3\nu-6)=(\nu^2-7\nu+12)/2$. 부등식의 우변이 $3\nu-6$보다 크다는 것은 쉽게 보일 수 있다.

4. (1) 정8면체. (2) 정20면체

5. 오일러공식 $\nu-\epsilon+\phi=2$에 $\nu=(\epsilon+6)/3$을 대입하여 정리하면 $2\epsilon=3\phi$.

7. $\nu-\epsilon+\phi=1+\omega$.

9. [그림 5-18]에 있는 RG-동치류와 RY-동치류가 반드시 그림처럼 생기지 않을 수 있다. 즉 서로 교차할 가능성을 생각한다.

찾아보기

김 정 진(金正眞)

• 서울대학교 수학과(이학사)
• Ohio State University (Ph.D)
• 명지대학교 수학과 교수

조합 및 그래프이론

2013년 2월 25일 초판 인쇄
2013년 3월 5일 초판 발행

저 자 / 김정진
발행자 / 오판근
발행처 / 교우사

주 소 / 서울 동대문구 제기2동 148-19
전 화 / 925-2861(代), 편집부 / 925-2825
팩 스 / 925-2860
E-mail / kyowoo@kyowoo.co.kr
http://www.kyowoo.co.kr

등록 / 1994. 3. 24 제6-0256호

ISBN 978-89-8172-956-1 (93410)

값 13,000원